우리 고양이, 왜 이러는 걸까요?

고양이 전문 수의사가 알려주는
별난 행동 뒤에 감춰진 진실

조 루이스 지음

이규원 옮김

Original Title: WHAT'S MY CAT THINKING?
Copyright © 2021 Dorling Kindersley Limited
A Penguin Random House Company

우리 고양이, 왜 이러는 걸까요?

초판 1쇄 펴낸날 2022년 9월 30일

지은이 조 루이스
일러스트 마크 샤이브마이어
옮긴이 이규원
펴낸이 고성환
출판위원장 박지호
편집 박혜원

펴낸곳 한국방송통신대학교출판문화원
　　　출판등록 1982년 6월 7일 제1-491호
　　　03088 서울 종로구 이화장길 54
　　　대표전화 1644-1232
　　　팩스 02-742-0956
　　　홈페이지 press.knou.ac.kr

ISBN 978-89-20-04380-2 04490
ISBN 978-89-20-04382-6 04490 (세트)

For the curious
www.dk.com

차례

시작하는 글

저는 당당한 극성 캣맘이랍니다. 고양이를 사랑하는 가정에서 태어나 수십 년 동안 고양이 수의사로 활동하면서 고양이를 돌보고 연구하는 데 평생을 보냈죠. 고양이가 동물병원에서 제대로 진료받지 못하는 상황을 자주 경험했기에 캣벳(The Cat Vet)을 설립했고, 영국 최초의 고양이 전용 가정 방문 클리닉을 시작했습니다. 고양이의 정신 건강과 신체 건강이 불가분하다는 것을 매일같이 보아서 그런지 제게는 고양이의 머릿속이 아주 흥미로워요.

아름답고 복잡한 생명체인 고양이는 우리의 다정한 친구이지만, 항상 야생적인 면을 띠고 있습니다. 우리를 사로잡는 매력인 동시에 현대식 가정과 생활 방식에 쉽사리 적응하지 못하는 이유이기도 하죠. 우리와 달리 생각과 감정을 드러내지 않고 본능적으로 몸의 이상 징후를 감추기 때문에 은근한 불만이 무시되기 일쑤입니다.

인터넷을 보면 고양이에 푹 빠져 있는 사람이 정말 많다는 걸 알 수 있지만, 매년 수백만 마리가 인간의 기대에 부응하지 못해 버려집니다. 솔직히 우리는 고양이에게 말을 걸기만 할 뿐, 고양이가 무슨 말을 하는지 충분히 귀를 기울이지 않고 있어요. 저는 경청만이 고양이를 이해하고 건강과 행복을 안겨줄 비결이라고 굳게 믿습니다.

고양이를 익숙한 보금자리에서 지켜보고 보살피다 보니 행동에 대한 남다른 통찰력이 생겼고, 그 과학적 근거를 공유할 기회를 얻게 되었습니다. 바로 이 책이 그 결과인데요, 우리가 재밌거나 당혹스럽거나 실망스럽거나 걱정스럽게 여기는 고양이의 행동을 매혹적으로 관찰한 것입니다.

새로 발견한 '고양이 관찰법'을 실제로 활용하여 고양이를 다른 시각에서 바라보고 더 깊이 이해할 수 있기를 바랍니다. 잠시 멈춰 서서 "고양이가 왜 이러는 거지?" 하고 생각해보면, 미래의 고양이는 마땅히 존중과 보살핌을 받게 될 것입니다.

고양이처럼 생각하기

고양이의 생각을 해석하는 것은
고양이의 관점, 동기, 미묘한 소통 방식을
이해하는 것이며, 이는 모두 원시적 본능, 유전학,
학습된 행동의 복잡한 결합을
통해 결정됩니다.

내면의 살쾡이

현대의 반려묘는 그 선조인 살쾡이와 유전적으로 거의 동일합니다. 고급 모피 코트를 걸치고 거실을 활보하는 것 같지만, 마음은 여전히 야생인 것이죠. 그래서 고양이의 생각과 행동을 이해하려면 고양이의 세계를 '살쾡이 렌즈'를 통해 바라봐야 합니다.

이 책에는 제가 고양이 수의사로서 가장 많이 받는 질문, 즉 고양이의 특정 행동 뒤에 어떤 본능과 동기가 숨겨져 있는지에 대한 답이 담겨 있습니다. 우리의 반려묘는 살쾡이의 특성을 물려받았습니다. 그래서 독자적으로 행동하고 영역 싸움을 합니다. 이 때문에 고양이가 사납고 강건하다고 오해할 수 있지만, 그렇지 않아요. 모든 고양이는 취약합니다. 더 큰 육식동물에게 잡아먹히기도 하고, 매우 민감하고(14~15쪽 참조), 생각만큼 태평하지도 않거든요(122~123쪽 참조). 우리의 반려묘는 여전히 살쾡이의 충동과 욕구를 지니고 있습니다. 이것을 알아야 고양이의 생각을 더 잘 이해할 수 있겠죠. 그래야만 우리와 함께 오래오래 행복하고 건강하게 살 수 있을 것입니다.

영역권

살쾡이에게는 영역과 거기에 포함된 모든 것이 생존과 직결됩니다. 영역은 그야말로 세계 전체이기 때문에 영역을 지키기 위해서라면 필사적으로 싸울 각오가 되어 있는 것이죠. 반려묘는 선조보다 더 관대하고 사교적이지만, 영역의 공유 여부는 관련된 개체, 제공되는 공간, 자원의 수, 유형, 위치에 따라 다릅니다. 공간이 좁거나 고양이가 많을수록 조화의 가능성이 낮아지고 스트레스가 커질 수 있어요.

고독하고 자유로운 영혼

고양이의 선조 살쾡이는 본능적으로 자신의 운명을 지배하는 자유로운 영혼의 소유자였습니다. 우리의 반려묘도 마찬가지로 통제, 선택, 규칙적인 일과를 정말 중요하게 여기며, 공유나 타협에 어려움을 겪습니다. 아주 고집스러워서 지낼 곳을 스스로 고르고 바라는 것을 내킬 때 할 수 있어야 가장 행복합니다.

사냥 본능

소파 위에서든 사바나에서든 고양이의 눈, 귀, 그리고 수염은 항상 감시 체제를 유지하며 먹잇감과 포식자를 찾습니다. 크거나 시끄럽거나 빠르게 움직이거나 예측할 수 없는 것이 보이면 고양이는 본능적으로 몸을 피하고, 낮게 엎드리거나 높은 곳에 올라가 '위협'에 신경을 곤두세우죠. 늘 어깨

너머 변화의 징후를 살피고 킁킁거리면서 필요할 때는 자립성을 발휘합니다.

활동적인 몸과 마음

생존을 위해 설치류를 사냥해야 하는 살쾡이는 호기심, 주의력, 체력, 끈기가 필요합니다. 마찬가지로 반려묘도 숙련된 탐험가, 약탈자, 해결사입니다. 대부분 타고난 곡예사이자 정력적인 등반가이기도 하죠. 그러나 굽은 발톱은 아직 우아하게 내려오는 데 서투르다는 증거입니다!

마음 편하게 해주기

가정에서 보호를 받는 고양이라 할지라도 그 '영역'에 충분한 공간과 필수 자원을 공급받아야 활동적이고 행복하고 건강한 삶을 유지할 수 있습니다(46~47쪽 참조). 지루함이나 위협을 느끼지 않게 해주는 것도 스트레스성 질환을 피하는 데 도움이 됩니다(164~165쪽 참조). 내면의 혼란이 겉으로 드러난다면 대부분 스트레스가 쌓여 견딜 수 없을 지경에 이른 것입니다(30~31쪽 참조). 그래서 타고난 성향에 더 적합한 곳으로 보금자리를 옮겨줘야 하는 경우도 있습니다.

아프리카들고양이

반려묘는 선조인 살쾡이와 유전학적으로 그리 다르지 않아서 타고난 충동과 본능이 고양잇과 동물의 행동적 특성을 많이 보입니다.

고양이의 의사소통

고양이는 항상 자신의 감정, 욕구, 필요한 것을 우리와 동료 고양이에게
다양한 방식으로 알리기 때문에 그 의미를 잘 알아채야 합니다.
예리한 관찰력, 보디랭귀지와 음성을 해석하려는 의지,
그리고 매력적인 냄새의 세계에 대한 이해만 있으면 됩니다.

보디랭귀지

고양이의 자세, 꼬리의 움직임, 눈, 귀, 수
염의 모습을 분석하면 고양이의 기분을 정
확히 아는 데 도움이 됩니다. 몸의 각 부위
는 그림의 한 조각을 나타내므로 개별적인
신호를 포착하여 조합하면 그 순간 고양이
가 무엇을 말하고 있는지 스냅숏이 그려집
니다.

먼저 고양이 몸의 여러 부위를 알아두
고 다양한 상황에서 어떻게 변하는지 관찰
하세요. 항상 고양이를 전체적으로 보고
어떤 상황인지 살펴보세요. 시각적 신호
가 복잡 미묘하여 당혹스럽다면, 고양이는
혼란에 빠져 있거나 확신이 없거나 동시에
여러 감정을 느끼고 있을 것입니다.

단정짓지 마세요
부엌에서 고양이가 이런 전형적인 인사를
건넨다면 먹을 것을 달라는 것으로 짐작하기
쉽지만, 단지 우리의 관심이나 다른 충족되지
않은 요구를 호소하는 것일 수도 있습니다.

몸통

반려묘의 자세가 느긋한가요, 긴장되어 있나요? 똑바로 서 있나요, 등을 구부리고 있나요, 아니면 옆으로 더 크게 보이려고 하나요? 혹은 웅크리고 있나요, 배를 땅에 붙이고 슬그머니 움직이나요, 머리를 몸통 쪽으로 말고 있나요? 발은 땅에 닿아 있나요, 이완되어 공중을 향해 있나요? 배 같은 취약한 부위는 숨겨져 있나요, 드러나 있나요? 긴장한 듯 털이 서 있거나 피부가 씰룩거리거나 주름져 있지는 않나요? 성급한 결론을 내리지 마세요. 고양이를 쓰다듬을 때 움직이지 않는다면 만족스럽고 편안한 걸 수도 있지만, 숨고 싶은데 두려워서 꼼짝하지 못하는 걸지도 모릅니다(122~123쪽 참조).

귀

고양이의 귀가 꼿꼿하고 앞을 향해 있으면 느긋하고 기민한 상태이거나, 다른 고양이를 위협하려는 상황입니다. 옆으로 납작해진 '비행기' 귀는 두려움과 뒷걸음질치려는 바람을 나타냅니다. 뒤로 돌아간 '배트맨' 귀는 동요하고 있거나 심기가 불편한 상태입니다(102~103쪽 참조). '비행기'와 '배트맨' 사이를 맴돌거나 너무 뒤로 젖혀 '사라져' 보이는 귀는 복합적인 감정을 의미합니다. 귀가 진동한다면 두 가지 소리를 처리하는 중일 수 있으며, 왼쪽 귀의 움직임은 소리가 방향에 관계없이 부정적임을 암시합니다. 귀가 경련하거나 튕긴다면 동요, 불안, 혹은 가려움의 표시일 수 있습니다.

눈

반려묘의 눈이 '단단하고' 둥글고 초점이 분명한가요, 아니면 '부드럽고' 타원형이고 풀려 있나요? 시선을 마주치고 있나요(자신감 또는 도전), 아니면 피하고 있나요(대결 회피)? 고양이가 겁을 먹으면 왼쪽을, 느긋하면 오른쪽을 더 자주 볼 수 있습니다. 아드레날린은 동공을 확대시키고 눈깜빡임을 증가시키지만, 편안할 때(또는 밝은 곳에서)는 동공이 수축하고, 느린 깜빡임은 만족감을 나타냅니다. 눈을 완전히 감고 있다면 보통 수면 중이지만, 감각의 과다 자극, 불안, 또는 통증에 대한 반응일 수도 있습니다.

수염

뺨, 주둥이, 눈 위, 그리고 앞다리 뒤쪽에나 있는 매우 민감한 '더듬이'는 탐색하거나 사냥할 때 공기의 흐름과 먹잇감의 움직임을 감지합니다. 기분에 따라 위치가 바뀌기도 합니다. 고양이가 두려움이나 좌절감을 느끼면, 평온하게 옆으로 살짝 펼쳐진 수염이 조밀해지고 볼에 밀착됩니다. 앞으로 휘어진 수염이 구부러지고 펼쳐지면 호기심을, 곧으면 통증을 의미할 수 있습니다.

꼬리

꼬리는 균형을 잡는 데 쓰이며 기분을 드러내기도 합니다(27쪽 참조).

이어짐

냄새

고양이는 초능력 수준의 놀라운 후각을 지니고 있습니다. 비강 안의 후각 수용체 수는 인간의 40배에 이르고, 후각과 관련된 뇌의 영역도 훨씬 더 큽니다. 고양이의 뇌는 수천 가지의 냄새를 인식하며 냄새 식별 능력이 개보다도 뛰어나니 결코 얕볼 게 아니죠! 고양이의 고유한 냄새 배합은 성별, 나이, 가족 관계, 생식 상태, 건강, 기분 등을 알리는 신분증입니다. 배설물은 무엇을 먹었는지, 그 영역에 언제 마지막으로 있었는지, 어느 쪽으로 갔는지 알려줍니다.

냄새는 광활한 영역에서 홀로 지내는 살쾡이의 생명줄로, 새로운 쥐의 자취에서

페로몬 감지

고양이는 머리를 들어 입을 벌리고 찡그린 얼굴로 '플레멘 반응'을 보이면서 잇몸유두를 통해 냄새 입자를 서골비기관(VNO)으로 끌어들입니다. 서골비기관이 뇌의 후각신경구로 신호를 보내면 편도체와 시상하부가 경계 태세에 들어가 정서와 행동 반응을 활성화합니다.

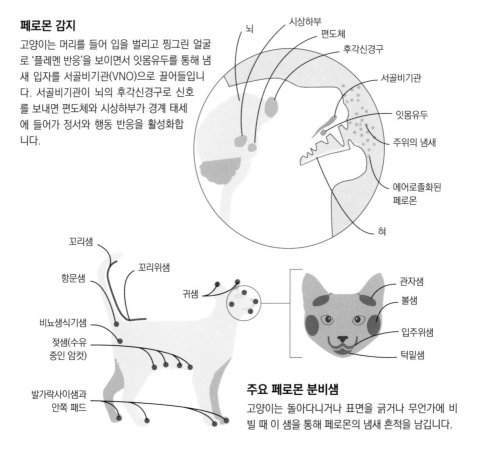

뇌

시상하부

편도체

후각신경구

서골비기관

잇몸유두

주위의 냄새

에어로졸화된 페로몬

혀

꼬리샘

꼬리위샘

항문샘

귀샘

관자샘

볼샘

입주위샘

턱밑샘

비뇨생식기샘

젖샘(수유 중인 암컷)

발가락사이샘과 안쪽 패드

주요 페로몬 분비샘

고양이는 돌아다니거나 표면을 긁거나 무언가에 비빌 때 이 샘을 통해 페로몬의 냄새 흔적을 남깁니다.

포식자의 분변에 이르기까지 주위를 감시하는 데 도움이 됩니다. 다른 고양이가 남긴 냄새를 통해 해당 공간의 화학적 조사가 가능합니다. 냄새의 흔적으로 '메시지'를 남기면 경쟁 상대와의 대결을 피하고 적합한 짝을 찾을 수 있습니다.

페로몬

고양이는 종 특유의 냄새인 페로몬을 사용하여 사회적 정보를 처리하는 감각 경로가 매우 특화되어 있습니다. 머리에서 꼬리까지 분포하는 냄새샘(14쪽 참조)에서 분비된 페로몬은 기분과 의도를 나타내고, 다른 고양이의 행동 반응을 유발할 수 있는 일종의 고양이 암호입니다.

느긋한 고양이는 '다정한' 페로몬을 물체의 표면이나 다른 고양이, 또는 신뢰하는 사람에게 문지릅니다. 중성화되지 않은 고양이의 문지르기, 구르기, 스프레이는 성적 과시일 수 있지만, 중성화된 고양이의 스프레이는 불안이나 질환을 의미합니다(120~121쪽 참조). 발톱을 갈면 페로몬과 눈에 띄게 긁힌 자국을 남겨 자신의 존재를 알릴 수 있습니다(134~135쪽 참조). 겁에 질린 고양이는 발과 항문샘으로 '알람' 페로몬을 방출하지만, 어미 고양이는 달래는 페로몬을 분비하여 새끼고양이와 유대감을 형성합니다.

냄새 문지르기

고양이의 고유한 냄새와 '다정한' 페로몬을 모아두면 고양이가 새롭거나 위협적인 상황에서 익숙함을 느끼고 안심하는 데 도움이 됩니다. 새로운 고양이와 새끼고양이를 집에 들이거나 새로운 고양이에게 기존의 반려동물을 소개할 때 냄새 문지르기를 이용할 수 있습니다.

- 얇은 면양말이나 장갑, 또는 플란넬 같은 깨끗한 천 조각을 준비하세요. 먼저 효소 함유 세제(무향이 이상적)로 빨고 두 번 헹군 후에 말리세요.
- 고양이를 쓰다듬으면서 천 조각을 얼굴의 냄새샘(또는 수유 중인 어미의 젖샘) 주위에 두고 부드럽게 주무르세요. 며칠간 이 과정을 반복하여 냄새 입자를 모으되 과정 사이사이에 천 조각을 플라스틱 지퍼백에 보관하여 '절여'두세요. 과정 중에 행복한 보디랭귀지(82~83쪽 참조)를 확인하여 '알람' 페로몬이 아닌 긍정적인 분위기의 호르몬만을 모아야 합니다. 고양이가 불안해 보이거나 내켜 하지 않으면 억지로 하지 마세요. 차선책으로 고양이가 즐겨 쓰는 담요가 있으니까요.
- 고양이를 들이기 직전에 냄새가 밴 천 조각으로 대상물(고양이 캐리어, 새 고양이 침대, 새 소파, 새집의 문틀 등)을 닦으세요. 고양이가 자연스럽게 구르거나 문지르거나 쉴 만한 높이/위치를 선택하세요.

이어짐 ≫

소리

고양이는 방대한 발성 레퍼토리를 이용하여 다양한 상황에서 자신을 표현합니다. 폭넓은 발성은 경쟁자 고양이나 포식자와의 적대적인 상호작용 관리, 번식 행동, 어미와 새끼고양이의 소통에 필수적입니다.

과거에는 선조인 살쾡이 가운데 분명 인간의 신호를 읽어내고 자신의 요구를 이해시키는 데 능숙한 개체가 음식을 얻어먹었을 것입니다. 오늘날 반려묘의 일상적 생존은 두 발 달린 거인인 우리의 호의에 달려 있으므로 자신이 간과되지 않도록 관심을 끌어야 득이 됩니다.

고양이가 정말 뭐라 하는 걸까?

고양이는 음성을 다양하게 사용합니다. 다정한 인사로 자신의 존재를 알리는 것은 물론이고 요청, 우려, 비난, 경고를 표현하기도 하죠. 다음에 든 주요 양상에 주목하면 고양이가 무슨 말을 하려는 것인지 알아채는 데 도움이 됩니다.

상황

고양이의 보디랭귀지가 무엇을 뜻하는지 알아두세요(12~13쪽 참조). 고양이가 소리를 내기 직전과 직후에 어떤 환경의 변화가 있었나요? 고양이가 바랐던 결과가 무엇인지 알 수 있나요?

고양이 욕설
입을 벌린 채로 소리를 내면 "꺼져!"라는 뜻이거나, '심술궂은' 행동을 할 위험이 있습니다(102~103쪽 참조).

음조
- **높은 음조**: 주목을 끄는 소리, 다툴 때의 '비명', '야옹'과 '애걸복걸 가르랑' 같은 요청
- **낮은 음조**: 시끄럽고 위협적인 경고, 으르렁거림, 친밀한 근거리 가르랑거림

입
- **다물고 있을 때**: '가르랑거림' 또는 '쩍쩍거림'
- **열고 있을 때**: '으르렁거림', '쉭쉭거림', 또는 '비명'
- **연 상태에서 점차 다물 때**: '야옹거림', '새된 소리', '울부짖음', 또는 '악쓺'
- **열고 닫을 때**: '재잘거림'

고양이의 발성 유형

인사와 요청

'가르랑거림': 편안할 때는 더 많은 애정을, 겁먹었거나 몸이 안 좋거나 통증이 있거나 출산하거나 죽음에 임박했을 때는 위안을 정중하게 요청하는 소리. 가르랑거림은 스스로 진정하고 손상을 치유하는 역할을 하기도 합니다. 아기가 우는 것처럼 매우 높은 음조의 울음을 덧붙여 우리의 '양육 본능'을 자극하는 고양이도 있습니다.

'야옹거림': 인사하거나 도움, 음식, 애정, 기타 바라는 것을 요청하는 소리. 전달 범위는 명랑한 인사에서 공손한 독촉, 경계선 괴롭힘, "당장 밥 줘!" 같은 '최종 요구'에 이르기까지 다양합니다. 새끼고양이는 높은 음조로 야옹거리죠. 감탄조의 야옹은 주로 성공적인 '사냥'을 알리는 것이고(100~101쪽 참조), '조용한' 야옹은 음조가 너무 높아서 우리의 귀로는 들리지 않는 것입니다.

'구슬픈 울음'('울부짖음' 또는 '흐느낌): 더 강렬하고 지속적인 '야옹.' 갇혔거나 길을 잃었거나 메스꺼운 느낌이 들거나 혼란스러울 때 도움을 구하는 울음(180~181쪽). 위협을 떨치기 위해 사용되기도 합니다.

'쩍쩍거림'('찍찍거림' 또는 '떨리는 소리'): 상승 억양으로 내는 부드럽고 음조가 높은 전동음 또는 '찍찍거림.' 다른 고양이를 찾아 인사하거나, 어미가 새끼를 찾거나, 친숙한 사람에게 인사하거나, 바라는 것을 요청할 때 사용됩니다.

'재잘거림'('지저귐'): 잡을 수 없는 먹잇감을 노릴 때 억누른 흥분과 좌절감이 혼합된 소리(68~69쪽 참조)

'새된 소리': 괴로워하는 것처럼 들리는, 길게 늘어지는 암컷의 짝짓기 울음. 수고양이는 짝짓기 할 때 '마울'이라고 독특한 소리를 냅니다.

밀어내기 전술

'쉭쉭거림': 다가오는 위협을 저지하기 위해, 또는 불의의 습격을 당했을 때 공기를 강하게 내뿜는 소리

'침 뱉기': 보통 발로 바닥을 치며 위협하면서 공기와 침을 갑자기 내뱉는 것

'으르렁거림': 불만이 커질 때 위협적이고 목이 쉰 듯한 낮은 음조로 지속적으로 투덜거리는 소리

'이빨을 드러내고 으르렁거림': 입을 더 벌리고 입술을 살짝 올려 불길하게 이빨을 드러낸 채 으르렁거리면서 무기를 과시하는 것

'비명': 암컷이 짝짓기 중일 때처럼 극심하게 다투거나 통증이 있을 때 시끄럽고 거슬리게 부르짖거나 날카롭게 지르는 소리, 또는 꼬리가 밟혔을 때 내는 소리

새끼고양이의 성장

모든 고양이는 성격을 형성하는 고유한 생각, 감정, 행동 패턴을 가지며, 일부는 유전에 의해 미리 결정되지만 주변 환경과 경험의 영향을 받기도 합니다. 본성과 양육의 영향을 이해해야 새끼고양이에게 올바른 영양을 섭취하고 인간과의 긍정적인 상호작용과 필수적인 생활 기술을 익히게 하여 행복하고 균형 잡힌 고양이로 기를 수 있습니다.

사교성 성향

대담한 고양이와 소심한 고양이를 가르는 것은 아비의 DNA입니다. 조심성 많은 아비가 조심성 많은 새끼를 만드는 것이죠. 임신 중의 스트레스와 영양실조는 새끼의 신체적 성장뿐만 아니라 정신 발달도 저해합니다. 이 때문에 다른 고양이에게 관용을 보이지 않거나, 무섭고 '심술궂은' 어른 고양이로 자랄 수 있습니다(102~103쪽 참조).

새끼고양이는 생후 3주가 되면 감각과 스트레스 호르몬이 제대로 작동되어 모든 경험이 미래의 관점과 행동을 형성하게 됩니다. '살쾡이'의 기본 설정으로 태어나기 때문에 본능적으로 인간과의 접촉을 환영하지 않습니다. 신뢰감을 주어 길들이는 것은 우리의 책임이죠. 고양이는 뇌가 가장 잘 받아들이는 시기인 첫 8주 이내에 규칙적이고 긍정적인 만남을 통해 인간을 편하게 느끼도록 배워야 합니다. 새끼고양이가 사회화되는 절호의 시기는 입양되기 전인 것이죠. 새끼고양이는 입양되기도 전에 사회화의 기회, 즉 미래의 친밀감을 형성하는 데 일생에서 가장 중요하고 영향력 있는 시기를 맞이합니다. 하지만 그 시기가 지났다고 해서 전혀 희망이 없는 것은 아닙니다. 고양이는 두서너 살이 될 때까지 행동 면에서 완전히 성숙하지 않기에 여전히 배울 것이 많습니다.

식이와 사냥 성향

많은 고양이의 '까다로운 입맛'은 자궁 속에서, 그리고 생후 몇 주 동안 어미의 식단에 익숙해지면서 형성됩니다. 어미가 먹는 음식의 냄새와 맛이 자궁 속 63일간은 양수에, 그 이후는 모유에 전해지니까요.

새끼고양이는 생후 6개월 동안 음식을 긍정적이고 다양하게 경험해야 향후 모험적인 미각을 형성하게 됩니다. 그동안 여러 맛과 식감에 노출되는 것이 좋겠죠. 새로운 음식을 이미 좋아하는 음식과 함께, 또는 어미와 함께 있을 때 주면 받아들이는 데 도움이 됩니다.

모든 고양이는 사냥 본능이 있지만, 어미가 유능한 사냥꾼이라면 새끼도 역시 그러하며 사냥감의 종류까지 닮을 것입니다.

서바이벌 가이드

새로운 고양이 또는 새끼고양이

고양이의 수명은 25년을 넘기는 경우가 많으므로
고양이나 새끼고양이를 기르기에 앞서 인생 계획을 고려하는 것이
중요합니다. 다음 몇 가지 사항을 알아둡시다.

1

최선의 시작

평판이 좋은 보호 센터를
선택하고 온라인 광고와
애완동물 가게는 피하세요.
보기 전에 품종을 조사하고
질문을 하세요. 속지
않도록 조심하고 직감을
믿으세요.

2

나이가 중요한가요?

새끼(8주 이후), 사춘기,
성체, 노년기의 고양이는
요구 사항이 각각
다릅니다. 또한 책임과
비용의 수준이 대체로
나이에 비례한다는 것을
고려하세요.

3

찰떡궁합

혈통묘를 선호한다면
라이프 스타일에 맞는
기질과 피모를
고르되(22~25쪽 참조)
통통한 고양이를 놓치지
마세요. 중성화되면 암수
모두 비슷합니다.

4

골치가 배로?

고양이에게는 고양이
'친구'가 필요하지 않아요.
주인과 함께하는 넉넉한
시간, 적절한 보금자리
(46~47쪽 참조), 일과, 그리고
좋은 수의사(152~153쪽
참조)만 있으면 됩니다.
공간과 재정이 충분하다면
새끼고양이 두 마리가
조화를 잘 이룹니다.

5

일을 순조롭게

고양이나 새끼고양이를
집에 처음 데려올 때,
새로운 생활을 점진적으로
맞이할 수 있도록 해주세요
(126~127쪽 참조).
최소 몇 주 동안은 같은
브랜드의 음식과 모래를
사용하고 친숙한 냄새를
준비해주세요.

6

긍정적으로

처음 접하거나 무서워할 만한
사람, 물건, 상황 등을
안전하고 통제된 상황에서
탐색하도록 하세요. 침착하고
자신감 있는 행동을 하면
친숙한 간식이나 장난감을
주어도 좋고, 피하지
않는다면 쓰다듬어 안심할 수
있게 해주세요.

품종

다정하고 통통한 고양이는 야생 살쾡이가 수천 년에 걸쳐 교배된 결과입니다. 혈통묘는 19세기 후반부터 1960년대까지 인기를 얻었으며, 현재 품종이 70종이 넘습니다. 우리는 늘 품종별 외모에만 관심을 두지만, 어떤 품종은 특정 행동이 유전되는 경향을 보입니다. 혈통이나 외모에 관계없이 모든 고양이의 본능은 같습니다(10~11쪽 참조).

품종 유형

품종은 다양하지만 모든 반려묘는 공통 선조 살쾡이와 거의 동일한 DNA를 공유합니다. 품종 고양이는 주로 외모를 위해 교배되었으며, 메인 쿤이나 버미즈처럼 특정 지역 유래의 전통적인 '천연' 품종이 이용되었습니다. 인간의 취향이 변하면서 페르시안과 샴은 선조와 크게 달라졌죠.

새로운 품종은 여러 방법을 통해 인위적으로 만들어졌습니다.
- 전통적인 '천연' 품종의 교배로 탄생한 인증된 교잡종: 통키니즈, 버밀라, 오시캣
- 집고양이와 이국적인 야생 정글 고양이 또는 서벌의 교배로 탄생한 교잡종: 벵골, 사바나
- 귀엽다고 여겨지는 유전적 기형 고양이로부터 번식된 자손: 렉스 계열, 스핑크스, 스코티시폴드

일부 품종은 기질적 특성으로 유명하지만(23쪽 참조), 모든 고양이는 경험의 산물로서 유일무이하기 때문에 그런 특성이 보장되지는 않으며, 특히 논란의 여지가 있는 이국적인 교잡종의 경우 더 그렇습니다.

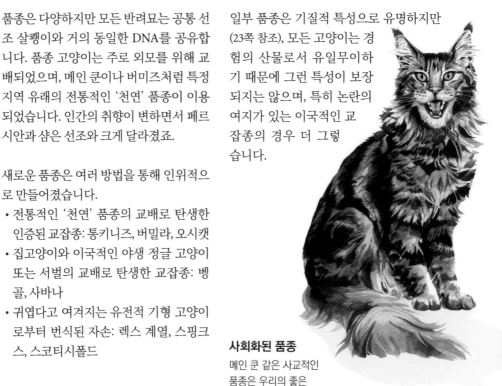

사회화된 품종
메인 쿤 같은 사교적인 품종은 우리의 좋은 친구입니다.

품종의 특성

스포츠맨

모든 고양이는 운동과 탐색을 필요로 하지만, 일부는 유난히 활발하고 날렵하며, 날뛰고 뛰어오르고 기어오르고 물건을 물어오고 심지어 헤엄치는 것까지 좋아하기도 합니다. 신중히 계획하고 전체 공간을 활용하면 간단한 실내 작업을 통해(46~47쪽 참조) 안전한 외부 통로(64~65쪽 참조)와 활기찬 놀이 시간(182~183쪽 참조)을 제공할 수 있습니다.

주요 품종: 잡종, 버미즈, 샴, 벵골, 아비시니안, 렉스 계열—코니시, 데본, 셀커크 등(쾌활함), 이집션마우(달리기 선수), 터키시반(수영 선수), 페르시안은 부적합(활동적이지 않음)

사색가

고양이는 계산적이지 않고 호기심이 많으며 지능이 높은 탐험가입니다. 정신적 자극은 모든 고양이에게 매우 중요하지만, 특정 품종은 더 쉽게 지루해하고 좌절감과 불안감을 느끼며 '파괴적인 말썽꾸러기'라는 잘못된 꼬리표가 붙을 수 있습니다. 자극이 적으면 찬장을 부수고 음식을 훔치기 때문이죠. 즐겁게 해줘야 모두에게 좋습니다(138~139, 182~183쪽 참조).

주요 품종: 잡종, 샴, 벵골, 버미즈

수다쟁이

어떤 고양이든 좋아하는 사람과는 수다스러울 수 있지만, 특정 품종은 목소리를 내어 사랑, 불안, 배고픔 등 뭐든지 더 잘 표현합니다. '야옹'하고 대화해보세요!

주요 수다쟁이 품종: 샴, 벵골, 버미즈
주요 침묵파 품종: 페르시안, 메인 쿤

사교가

일부 고양이는 천성적으로 더 사회적이고 어울리는 데 '목말라' 있습니다(148~149쪽 참조). 인간과의 상호작용을 좋아하고, 적극적으로 관심을 구하며, 홀로 남겨지거나 다른 고양이와 함께 있으면 불안해하죠. 이웃에 고양이가 많거나 사람 또는 고양이 가족을 늘릴 계획이라면 상황을 잘 받아들일 만한 품종을 고르는 것이 좋습니다.

가족과 함께할 만한 주요 품종: 잡종, 버미즈, 버만, 메인 쿤, 랙돌, 렉스 계열, 러시안블루, 샴
다른 고양이에게 까다로운 품종: 아비시니안, 벵골, 샴, 코랫

세심한 관리가 필요한 고양이

품종과 관련된 시간 투자, 인내, 그리고 비용을 꼭 조사해보세요. 장모종 고양이라면 털이 흩날리고 주기적인 빗질과 전문적인 털 다듬기가 필요하다는 것쯤은 대개 잘 알고 있습니다. 그러나 털이 없는 품종은 피부가 기름지고 피부와 발톱 관리가 일상적으로 필요하다는 것은 잘 알려져 있지 않습니다.

주요 장모 품종: 잡종, 페르시안, 메인 쿤, 버만, 랙돌, 포레스트 계열
털이 없거나, 드문드문하고 곱슬곱슬한 주요 품종: 스핑크스(털 없음), 렉스 계열(적은 털)

이어짐

품종의 특징인가, 결점인가?

근친 관계에 있는 고양이끼리 교배되거나 DNA에 무작위 돌연변이가 일어나면 외모가 크게 바뀔 수 있습니다. 무해한 경우도 있지만, 당장 또는 향후 심각한 건강 문제가 발생하거나 효과적인 의사소통 능력이 저하되거나 삶의 질에 부정적인 영향이 미치기도 합니다.

겉모습의 '귀여움'이나 '특이함' 너머를 보세요. 품종 '규범'에 해당하는 기형을 의도적으로 대물림시키는 것이 곤란, 불만, 고통, 혹은 질병 없이 세상과 상호작용하는 능력에 어떤 영향을 미치는지 생각해보세요. '매력적인' 특징이 사실은 생명을 단축시키는 결점은 아닌지도 말이죠.

납작한 얼굴(단두)

코와 턱이 짧아지면 숨 쉴 공간이 좁아지고, 마취가 위험해지고, 치아 문제 및 피부주름 피부염이 발생하며 출산이 어려워집니다. 눈물관이 짓눌리고 안구가 튀어나오며 고통스러운 궤양이 잘 생깁니다. '심술궂게' 보이는 것도 무리가 아니죠!
예: 페르시안, 엑조틱쇼트헤어

꼬리가 짧거나 없음

꼬리는 척추의 일부이며 기분을 표현합니다(27쪽 참조). 일부 품종은 유전적으로 (짧은) 꼬리의 움직임이 제한되거나 꼬리가 없는 경우가 있습니다. 이 때문에 기형, 만성 신경통, 변비, 실금의 위험성이 높아집니다.
예: 짧은 꼬리: 페르시안, 스코티시폴드; 꼬리 없음: 맹크스, 보브

피부와 피모

일부 품종은 피모가 얇거나 곱슬곱슬하거나 주름져 있고, 또 어떤 품종은 털이 전혀 없습니다. 이 때문에 정상적인 체온 조절과 그루밍이 방해될 수 있으며, 피부 질환,

품종의 장단점

품종의 장점뿐만 아니라 약점도 꼭 조사해보세요. 데본렉스의 유전자는 신장, 근육, 관절 문제를 안고 있습니다. 피부와 피모에도 문제가 생기기 쉽습니다.

외상, 햇볕에 의한 손상이 늘어나기도 합니다. 대체로 수염이 짧고 잘 부러지기 때문에 주변을 탐색하고 사냥감 및 장난감과 상호작용하기가 힘들어집니다. 털이 없는 고양이는 더욱 세심한 관리가 필요합니다.
예: 스핑크스(털 없음), 렉스 계열

특이한 귀

귀가 작거나 납작하거나 구부러져 있으면 청결을 유지하기 어렵고 항상 기분이 나쁜 것처럼 보입니다. 귀를 변형시키는 연골 결손은 관절 퇴행을 일으키고 고통스러운 관절염이 조기에 나타나기도 합니다.
예: 스코티시폴드, 아메리칸컬

짧은 다리

'소시지 고양이'는 다리가 짧고 몸통이 길어서 정상적이고 건강한 고양이 특유의 운동성과 유연성이 제한됩니다. 짧은 뼈와 연골의 결합 때문에 달리기, 뛰어오르기, 기어오르기, 놀기가 저해되고 관절염이 필연적으로 발병하여 통증을 일으킵니다.
예: 먼치킨

유전병

순종 고양이와 그 교배종은 작은 유전자 풀에서 유래하기 때문에 당뇨병(버미즈), 암(샴), 심장병(메인 쿤) 같은 유전적인 건강 문제의 위험이 커집니다. 가장 튼튼하고 건강한 품종은 우리의 취향에 맞게 가공되지 않은 친근한 잡종입니다.

새끼 혈통묘 체크리스트

브리더가

☐ **평판이 좋은 단체**—고양이애호가관리협회(GCCF)나 국제고양이협회(TICA)—에 등록되어 있고, 양쪽 부모 고양이의 유전 질환에 대한 건강 검사 증명서를 갖추고 있다.

☐ **질문에 막힘없이 대답해주며**, 새끼고양이마다 사람의 손길, 다른 반려동물, 여행, 흔한 가정의 광경 및 소리에 주기적으로 노출되었다는 기록을 보관하고 있다.

☐ **수의학적 검사**, 예방 접종, 기생충 구제에 관한 증명서를 제시하고 임시 반려동물 보험을 제공할 수 있다.

새끼고양이가

☐ 생후 12주 이상 지났다.

☐ 모두 브리더의 집(별채나 케이지가 아닌)에서 청결하고 편안한 환경 속에 어미와 함께 있다.

☐ 당신을 보고 겁내거나 불안해하지 않고 우호적이며 느긋하다.

☐ 사람의 손길이 닿고, 어루만져지고, 서로 간에, 그리고 어미로부터 잠시 떨어져 있어도 편안하다.

☐ 완전하고 균형 잡힌 새끼고양이용 먹이를 섭취하고, 장난감을 갖고 놀며, 먹고 자고 배변하는 공간이 분리되어 있다.

☐ 모두 밝고 장난기 많고 활발하다. 귀, 눈, 코, 입, 엉덩이 피모가 깨끗해 보인다.

고양이 관찰의 기술

고양이가 감정, 필요, 욕구를 알리기 위해 전형적으로 사용하는 여러 유형의 의사소통에(12~13, 16~17쪽 참조) 익숙해지면 본격적인 고양이 관찰 준비가 된 것입니다. 전달되는 메시지가 무엇인지 새로 파악하게 되면 고양이의 행복 증진과 유대감 강화에 도움이 될 것입니다.

고양이 관찰 시작하기

열린 마음 갖기

단정하거나 선입견을 갖는 것은 너무나 쉽지만, 성공적인 고양이 관찰의 핵심은 냉철함을 유지하고 전체 그림을 보고 고양이의 행동을 맥락 속에서 파악하는 것입니다. 어떤 일에 해석이라는 색깔을 입히기 전에 객관적으로 평가하세요. 예를 들어 나이 든 고양이가 더 이상 꼬리를 곧게 세우고 인사하지 않는다면

자동적인 반응: "우리 고양이가 나이를 먹더니 까칠해졌어."

냉철한 평가: "우리 고양이가 잠을 많이 자고, 잠에서 깨면 뻣뻣하고, 움직임이 느려지고, 리터 박스 앞에서 오줌을 싸고, 털이 뭉쳐 있네. 진찰을 받을 때가 됐어."

고양이 촬영하기

고양이를 아무리 주의 깊게 관찰해도 '대화'의 실시간 뉘앙스를 놓치기 쉽습니다. 진지하게 고양이 관찰 스킬을 향상시키고 싶다면, 다양한 시나리오로 촬영하고 슬로모션이나 정지 화면으로 되돌려봄으로써 미묘한 징후를 세밀하게 찾아낼 수 있습니다.

침착함을 유지하기

고양이가 어떻게 생각하고 반응하는지 이해하지 못하면, 고양이가 '나쁘다'고 간주되는 행동을 보일 때 혼내고 막으려 할 수 있습니다. 그러나 고양이에게 소리를 지르거나 물을 뿌리면 스트레스를 주거나 겁을 먹게 하여 상황은 더 악화될 것입니다. 침착함과 신중함을 유지해야 긴장을 완화시키고 상황을 진정시키는 데 도움이 되겠죠.

수의사에게 조언 구하기

고양이 행동에 관한 당신의 생각은 옳을 수도 있지만, 별문제가 아니라고 확신할지라도 항상 확인하는 것이 좋습니다. 아주 작은 일, 사소해서 놓친 일조차도 문제를 크게 만들 수 있으니까요(146~147, 164~165쪽 참조).

아주 기뻐서 감긴 꼬리 끝
곧게 세운 꼬리의 끝이
감겨 있거나 떨리며
당신의 다리를
휘감기도 합니다

다정하게 곧게 선 꼬리
꼬리를 위로 곧게
세우며 열광적으로
떨기도 합니다

애매하게 진정된 꼬리
꼬리를 느슨하게
수평으로 두며,
느리고 우아하게
휘두르기도 합니다

처진 꼬리
은밀한 상황(먹잇감
사냥), 불안, 통증, 부상,
질병, 페르시안 품종의
특성

밀어 넣은 꼬리
꼬리를 몸에
밀착합니다: 불안,
공포, 통증, 질병

끝이 튕기는 꼬리
꼬리 끝을 튕기고
씰룩거립니다: 동요

휘둘리는 꼬리
꼬리를 흔들거나
내리칩니다: 공포,
좌절, 분노

기분 측정기

고양이 꼬리를 관찰하면 얼마나 스트레스를 받고
있는지 가늠할 수 있습니다. 고양이의 자세와 움직
임의 유형 및 빠르기는 고양이의 감정 상태와 기분
이 어떤지 많은 것을 알려줍니다.

꼬리로 말하기

목적: 꼬리는 척추의 연장이며 예민한 신경 종
말을 포함합니다. 재빨리 방향을 바꾸고 높은
곳에서 정확한 균형을 잡아야 하는 민첩하고 활
발한 고양이에게는 특히 유용하죠. 안전한 거리
에서 고양이의 기분과 의도를 시각적으로 잘 나
타내기 때문에 사바나의 기다란 풀 속에서 지내
는 살쾡이에게 이상적입니다.

자세: 꼿꼿한 '깃대' 꼬리는 당신을 맞이하려는
자신감과 열의를 전달합니다. 처진 꼬리는 주저
하거나 불안해하거나 먹이를 사냥하고 있음을
나타냅니다. 이는 페르시안 품종(24쪽 참조)의
특징이지만, 척추 질환이나 외상의 징후일 수도
있어요.

움직임: 차분하고 호기심 많은 고양이는 느리고
우아하고 유연하게 움직이면서 꼬리를 허공에
대고 느슨하게 흔들 것입니다. 꼬리 끝을 튕기
거나 좌우로 흔들거나 휘두르는 등 갑작스럽고
율동적인 동작은 동요가 커지고 있다는 신호입
니다. 꼬리의 움직임이 빠를수록 잔뜩 긴장하고
있다는 얘기죠.

행복한 꼬리의 신호: 아주 느긋한 '행복한' 고양
이는 꼬리가 몸에서 느슨하게 떨어져 수평과 수
직 사이의 각도를 이룹니다. 꼬리가 완전히 수직
인 채 끝이 말려 있거나 떨린다면 당신을 보고
아주 기쁘다는 뜻일 겁니다(52~53쪽 참조). 그
런데 세척용 솔처럼 부풀어 있다면 몸을 크게 보
이려는 것입니다. 두렵다는 신호이니 뒤로 물러
서세요!

고양이의 꼬리를 다양한 상황에서 관찰하되 온
전히 집중하지는 마세요. 전체 의사소통의 한
부분에 불과하고 눈 깜짝할 사이에 바뀔 수도
있으니까요.

이어짐

더 큰 그림 보기

성공적인 고양이 관찰의 중요한 측면은 고양이의 환경과 당시 주변에 일어나는 모든 상황의 맥락에서 행동을 파악하는 것입니다. 고양이의 보디랭귀지와 발성 신호를 읽어내는 것은 이야기의 절반에 불과해요. 우선 무엇이 고양이의 반응을 유발하고 스트레스를 주는지 알아야 문제가 해결되고 궁극적으로 고양이와 당신의 삶이 더 편하고 즐거워질 테니까요.

줌인

귀의 위치나 꼬리의 움직임 등 신체의 일부분만 분석하는 것은 퍼즐의 한 조각을 맞추는 것에 불과합니다. 몸의 자세, 눈, 수염, 발성 같은 다른 단서까지 고려한다면 고양이가 불안한지, 불만스러운지, 위협을 느끼는지, 아니면 화가 났는지 더 잘 이해할 수 있겠죠. 마찬가지로 행동에만 집중하지 말고 상황 전체를 평가하세요. 고양

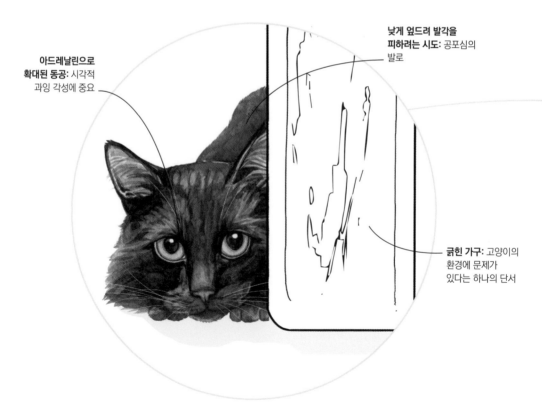

아드레날린으로 확대된 동공: 시각적 과잉 각성에 중요

낮게 엎드려 발각을 피하려는 시도: 공포심의 발로

긁힌 가구: 고양이의 환경에 문제가 있다는 하나의 단서

이가 소파를 갈기갈기 찢을지라도 '나쁜' 행위라는 잘못된 꼬리표를 붙이거나 불만을 분출하려는 충동을 억제하세요. 고양이를 '훈계'하려는 시도는 무익하고 해로우니까요.

줌아웃

고양이는 주변 세계의 긴장을 빨아들여 불안에 사로잡힌 행동을 다양하게 일으키는 예민한 생명체입니다. 더 큰 그림을 살펴보면 고양이의 주변 환경에 관해 중요한 세부 사항이 잘 드러납니다. 정신없이 바쁜 환경과 낯설거나 불쾌한 광경, 소리, 냄새, 그리고 접촉은 고양이의 감각에 과부하를 일으키고 스트레스를 유발할 수 있습니다. 아이들에게 고양이를 존중하는 법을 가르쳐주세요(96~97쪽 참조). 더 차분한 환경과 더 좋은 보금자리를 만들어주고(46~47쪽 참조), 언제든 벗어날 수 있는 조용하고 아늑한 장소, 그리고 스크래칭과 울분을 발산할 수 있게 적절한 판을 준비해주세요(134~135쪽 참조).

강한 향기: 고양이의 민감한 코를 압도하여 친숙한 냄새를 차단

스트레스를 받은 고양이: 그 원인에서 벗어나려고 안간힘을 쏟음

우는 아이: 일반적인 소음과 더불어 고양이에게 고통과 공포를 유발

넓게 보기

고양이의 행동에만 집중하지 말고 뒤로 물러나보세요. 전체 그림을 보면 훨씬 더 많은 사실을 알 수 있으니까요.

트리거 스태킹

고양이는 스트레스를 유발하는 한 가지 상황에는 대처할 수 있을지 모르지만, 여러 사건이 연속적으로 발생하면 불안감이 증가하다가 한계점에 도달하여 갑자기 물러나거나 숨거나 쉭쉭거리거나 대들 수 있습니다. 이러한 점진적인 스트레스 증가를 '트리거 스태킹'이라 부릅니다.

아무리 침착한 사람이라도 때로는 이성을 잃을 수 있습니다. 좋지 않은 일이 연달아 일어나 하루를 망치게 되면 불만이 쌓여 앞길을 가로막는 사람에게 분풀이를 하고 싶을 정도로 스트레스 수준이 급상승할 수 있습니다. 이러한 과정은 고양이에게도 마찬가지로 통증, 질병, 또는 걱정이나 짜증거리에 의해 유발될 수 있습니다. 긴장이 고조되다가 최후의 도발까지 받게 되면 —악의 없이 어루만져질지라도— 한계점 너머로 내몰려 '심술궂은' 고양이 모드로 돌변하는 것이죠(102~103쪽 참조). 그럴 때 고양이는 우리의 도움을 받아야 평온함을 되찾고, 우리의 이해가 있어야 각 촉발 요인의 영향이 최소화되거나 억제될 수 있습니다.

촉발된 고양이 다루기
• 고양이는 공황 발작을 겪는 중에 '도망, 싸움, 또는 얼어붙음' 모드에 돌입하니

스트레스 누적
각 사건은 우리가 눈치채지 못하는 사이에 고양이의 긴장도를 높입니다.

스트레스 한계점

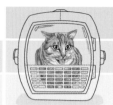

한계점 이하	촉발 요인 1	촉발 요인 2	촉발 요인 3
평온하고 느긋함	**고양이 캐리어가 나타남** 공포스러운 부정적인 기억을 촉발	**붙잡힘** 통제력 상실 = 공포 + 좌절 +/- 통증	**케이지/캐리어에 갇힘** 도주나 도피 불가 = 공포 + 좌절

까 뒤로 물러나서 진정할 시간과 공간을 확보해주세요. 괴로운 고양이는 아주 낮은 곳이나 높은 곳으로 달아나려고 하며, 특히 어둡고 조용하고 덮개가 있고 비좁은 곳을 선호합니다.

• 고양이가 쉭쉭거리거나 으르렁거리면 소리를 지르거나 붙잡지 마세요. 이미 불편한 상황에서 또 다른 위협이 될 것입니다. 그러면 스트레스가 증폭되어 다음에는 더욱 적대적이고 신속하게 공격적인 반응을 보이도록 학습할 수 있습니다.

트리거 스태킹 방지하기

• 고양이의 보디랭귀지를 통해 긴장이 고조되고 있다는 신호를 알아채세요. 가능하다면 다른 촉발 요인과 마주치기 전에 스트레스를 풀어주세요.

• 긍정적인 관계를 형성시켜 스트레스 촉발 요인을 극복하도록 도와주세요. 예를 들어 캐리어를 싫어한다면 다음과 같이 해주세요:

• 기억할 만한 불쾌한 냄새를 완전히 없앤 후에 익숙한 냄새가 나는 수건을 올려놓으세요. 그리고 내킬 때 탐색할 수 있도록 문을 열어두세요.

• 아늑한 담요와 간식을 추가로 놓아두고 놀이 시간을 가져 긍정적인 공간으로 만들어주세요. 막대 장난감으로 처음에는 근처에서, 때가 되면 캐리어 안에서 얼러주면 좋습니다. 여유 있는 태도를 보이면 칭찬하여 진정하고 안심할 수 있도록 해주세요.

• 고양이가 스트레스 한계점에 도달하기 전에 캐리어에 익숙해질 시간을 주세요. 두려움이나 불만이 긍정적인 기대로 바뀔 때까지 선택권과 통제권을 주면 불안을 줄이고 긴장을 푸는 데 도움이 됩니다(132~133쪽 참조).

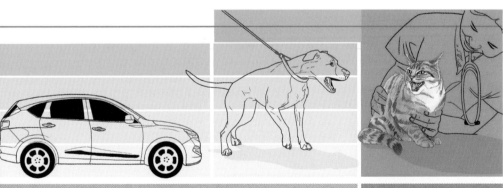

촉발 요인 4

자동차로 이동함
이동, 소음, 냄새 = 메스꺼움 + 불안

한계점 초과

동물병원에 도착함
광경, 소리, 냄새 = 공포

공격적인 반응

캐리어에서 나오기
대들기/얼어붙기/달음질치기 = 공포, 좌절 +/- 통증

어떤 의미일까요?

고양이가 주어진 상황에서 행동하는 방식은 유전적 구성, 경험, 그리고 당면한 사건에 대한 본능적인 반응의 조합에 따라 결정됩니다. 고양이의 진짜 동기를 발견하려면 이렇게 자문해야 합니다. "우리 고양이가 왜 이러는 거지?"

고양이의 행동을 우리의 가치관과 인생관에 따라 단정하기 쉽지만, 고양이를 정말로 이해하려면 인간의 관점이 아니라 고양이처럼 생각할(#ThinkLikeACat) 필요가 있습니다. 고양이라는 동물은 순전히 생존본능에 따라 작동하기 때문에 행동이 보여주는 의미가 중요합니다. 고양이가 '재밌다', '미쳤다', 또는 '귀엽다'고 생각되는 행동을 할 때, 그 이면에는 변함없이 진짜 살쾡이의 동기가 있을 것입니다. 고양이가

왜 그런 식으로 행동하는지 궁금할 때마다 아래의 공식을 참고하면 고양이가 무엇을 하려고 하는지 알 수 있을 거예요. 고양이의 보디랭귀지에서도 단서를 찾아보세요 (12~13쪽 참조). 이어서 행동 유형을 식별해보면 다음에 무엇을 해야 할지 결정할 수 있을 것입니다(33쪽 참조). 고양이의 통증과 질병이 행동을 변화시킬 수 있음을 인지하고, 의심스러운 행동을 보인다면 안전책을 강구하고 검진을 예약하세요.

"어떤 의미일까요?" 공식

1 이 행동을 얼마나 자주 보이나요?

2 시나리오가 무엇인가요? 다른 사람이나 동물이 관련되어 있나요? 어디에서 발생하나요?

3 행동 직전에 무슨 일이 일어났나요?

4 동기가 무엇인가요? 고양이가 무엇을 하려 하거나 회피하려고 하나요?

고양이가 얻는 것이 무엇인가요?

- 안전 또는 통제?
- 평범한 '살쾡이' 행동의 기회?
- 애정 또는 함께 있기?
- 필요하거나 바라는 것에의 접근?
- 새로운 것을 탐색할 거리와 시간?
- 휴식, 즐거움, 또는 편안함?
- 정신적 자극?

고양이가 피하는 것이 무엇인가요?

- 통증이나 불편함? • 좌절이나 상실?
- 낯설거나 불쾌하거나 위협적인 것?
- 춥거나 젖거나 들어 올려지는 것?
- 대결 또는 공격? • 감각의 과부하?
- 변화 또는 새로움?

행동 유형

고양이의 행동이 어느 범주에 속하는지 이해하면 고양이가 무엇을 생각하고 우리가 무엇을 해야 하는지 알 수 있습니다.

- **자연적 행동**은 고양이를 고양이답게 합니다. 영역 충동, 사냥/놀이, 그루밍, 스크래칭, 마킹, 탐색, 뛰어오르기, 기어오르기, 스트레칭, 숨기, 그리고 사교 활동 같은 것이 포함됩니다.
- **학습된 행동**은 촉발 요인과 본의 아닌 정서적 또는 신체적 반응(두려움, 메스꺼움, 미각 혐오 등)이 연관된 것입니다. 성과가 있는 행동을 의식적으로 반복하고 그렇지 않은 행동을 회피하는 것이기도 하죠. '이득'이나 보상은 간식이나 의도적이지 않은 관심일 수 있습니다. 또는 행동이 보상 그 자체일 수도 있습니다(136~137쪽 참조).
- **관심을 끄는 행동**은 자기 타당화를 위해 자아를 극적으로 과시하는 것이 아니라, 요구 사항이 충족되지 않았음을 나타내는 것입니다. 야옹거리기, 인간의 눈높이로 뛰어오르기, 스크래칭, 오줌 싸기, 간청하기, 긁기 등 모두 우리의 관심이 필요하다는 것, 고양이 세계에 해결해야 할 일이 있다는 것이죠.
- **친밀한 행동**은 우호적인 관계를 시작하거나 유지하는 데 사용되는 고양이의 인사와 몸짓으로, 서로 핥기, 코 접촉하기, 몸 비비기, 같이 잠들기 등이 포함됩니다.
- **수동적-공격적 행동**은 직접적인 신체 접촉 없이 위협하는 것입니다. 고양이가 많은 가정에서 흔히 보이며, 정면으로 응시하거나, 음식, 물, 리터 박스, 캣 플랩 같은 자원으로 이어지는 출입구나 접근을 차단하기 위해 전략적인 위치에서 휴식을 취합니다.
- **전가 행동**은 밖의 경쟁자 고양이를 보고 옆 사람이나 근처에 오는 반려동물을 공격하는 등 의도되지 않은 대상에게 잘못 가해집니다.
- **포식성 행동**(94~95쪽 참조)은 놀기, 이불 아래서 발가락 스토킹하기, 사람의 발목이나 다른 고양이 덮치기 등에 숨은 충동입니다.
- **전위 행동**은 경쟁자와 대치하는 상황에서 무심한 듯 그루밍을 하는 것처럼 언뜻 평범해 보이지만 상반된 행동을 하는 것으로 불편함이나 스트레스를 나타냅니다.

1장

우리 고양이는 너무 쿨해요

고양이는 별난 행동으로 웃음을 주고
휴대폰 카메라를 켜게 만듭니다.
이러한 행동 뒤에 숨겨진 원리를 이해하면
고양이를 더 행복하게 해줄 수 있습니다.
그저 웃고 넘겨서는 안 되는 이유입니다.

우리 고양이는 유리컵에 담긴 물만 마셔요

우리 고양이는 전용 물그릇보다 내 침대 머리맡에 놓인 유리컵을
더 자주 할짝거려요. 싱크대의 수도꼭지를 틀면 달려와서 마시기도 하고요.
왜 그렇게 유난을 떠는 거죠?

왜 이러는 걸까요?

고양이가 너무 고상해서 아무 그릇이나 이용할 수 없는 걸까요? 사실 이러한 행동 이면에는 이유가 있습니다. 오염된 물을 마시면 생존이 위태로워질 수 있어서 고여 있는 웅덩이보다는 흐르는 물을 찾고 급식소나 화장실에서 떨어져 있는 식수원을 선호하는 것이죠.

고양이는 또한 편안할 때 물을 마시므로 조용한 장소가 좋습니다. 문제는 우리가 종종 정신없이 늘어놓은 주방이나 다용도실에 고양이 그릇과 물그릇을 놓아둔다는 것이죠. 시끄러운 기기는 고양이가 물 마시는 것을 방해할 수 있습니다. 평화로운 침실에서 마시는 물 한 모금은 고양이가 갈증을 해소하는 데 훨씬 더 매력적이고 편리합니다. 침대에서 낮잠을 잤다면 더욱 그렇겠죠. 그리고 침구에 당신의 냄새가 남아 있다면 그냥 지나칠 수 없을 것입니다.

유리컵과 수도꼭지는 할짝거릴 표면이 더 잘 보이고 다른 반려동물이나 아이들로부터 방해받지 않는 유리한 고지에 있습니다. 이는 물웅덩이에 있는 살쾡이처럼 한쪽 눈으로 주변을 살필 수 있음을 의미하기도 합니다.

어떻게 해야 할까요?

즉각적 대응 방법

- **혼내거나 쫓아내지 말고** 그대로 두세요.
- **다 마시도록 하세요.** 어쨌든 목이 말라서 하는 행동이니까요.

장기적 대응 방법

- **새로 나타난 행동이라면** 잦은 갈증은 질병의 신호일 수 있으니 수의사에게 문의하세요(164~165쪽).
- **잔에 뚜껑을 덮거나** 병을 사용하세요.
- **신선한 빗물을 모으세요.** 고양이는 기회가 되면 약품 처리된 수돗물 대신 웅덩이나 정원의 용기에 고인 빗물을 마시려고 합니다.
- **고양이가 선호하는 그릇이 좁은지 넓은지,** 플라스틱이나 금속보다 유리나 세라믹 재질을 선호하는지 실험해보세요. 고양이가 인식표 목걸이를 하고 있다면, 그릇에 부딪히지는 않는지 살펴보세요.
- **고양이에게 선택권을 주세요.** 고양이의 영역 가운데 조용한 자리를 골라 층마다 최소 하나씩 급수대를 여러 개 두세요. 컵, 그릇, 분수를 돌아가며 사용해보기도 하고요.

**어떤
의미일까요?**

수분 섭취는 생존 본능입니다.
유리잔 속의 물이나 흐르는 물이
그릇에 담긴 물보다
더 잘 보이고 신선하므로
고양이가 좋아합니다.

뒤로 젖힌 수염: 컵의
측면에 닿지 않도록

가늘게 뜬 눈: 긴장은
풀렸지만 주변을 탐색

내민 혀: 물기둥을
입안으로 흡입

유리한 고지: 위협을
감지하는 데 유용

우리 고양이는 방에서 쌩쌩 달려요

우리 고양이는 낮에는 보통 게으름을 피우지만, 그걸 만회하려는 듯 저녁만 되면 마치 무엇에 홀린 것처럼 온 집 안을 뛰어다녀요. 그냥 즐겁게 노는 것인지 아니면 무언가 시위하려는 것인지 모르겠어요.

왜 이러는 걸까요?

아마도 이런 뜻일 겁니다. "인간들아 길을 비켜라, 고양이님 행차하신다!" '우다다' 라고도 하는데, 갑자기 얌전한 야옹이에서 광란의 털 뭉치가 돼 마치 꼬리에 불이 붙은 것처럼 방이나 정원을 천방지축 뛰어다니는 모습을 고양이 애호가라면 목격했을 것입니다. 대부분의 고양이는 정신 사나운 막간극에 가끔씩 돌입하지만, 더 주기적으로 뜀박질하는 고양이도 있습니다. 배변 후에 나타날 수 있는 이 현상은 적절히도 '푸포리아poophoria'라 불립니다. 이러한 상황에서만 뛰어다닌다면 통증의 신호일 수 있으므로 진찰이 필요합니다. '우다다' 는 고양이에게 더 많은 자극이 필요하다는 뜻일 수도 있습니다(182~183쪽 참조).

납작하게 뒤로 젖힌 귀:
"나 흥분했어, 비켜!"

번쩍이는 눈:
아드레날린이 솟구쳐
확대된 동공

어떤 의미일까요?

내달리기는 특히 본능에 비해 더 정적인 생활을 해야 하는 고양이에게는 과잉 에너지나 불만의 분출일 것입니다.

고양이 프랩(FRAP)

동물학자들은 이러한 갑작스러운 활기의 폭발을 '열광적인 무작위 활동 기간(frenetic random activity period)'의 머리글자를 따서 '프래핑(frapping)'이라 부릅니다. 보통 고양이가 자연스럽게 사냥을 하는 시간인 황혼과 새벽 사이에 일어나죠. 야생의 고양이가 이러한 현상을 보인다는 증거는 없지만, 호랑이와 보브캣 같은 큰 고양잇과 동물이 포획되면 나타납니다. 이는 프래핑이 억눌린 에너지의 방출 방법이라는 이론을 뒷받침합니다. 야생의 고양이야 온종일 사냥을 하고 나면 더 태울 에너지가 없을 테니 프래핑도 없겠지요.

휘두르는 꼬리:
재빨리 멈추고 달릴 때
균형 잡는 용도

어떻게 해야 할까요?

즉각적 대응 방법

- **장애물을 치워주세요.** 고양이가 전속력으로 달려도 다치거나 당신의 소중한 장식품을 망가뜨리지 않도록 주의하세요.
- **털 뭉치 허리케인을 감상하세요.** 고양이는 근육 스트레칭과 심장 박동을 즐기는 중입니다.
- **거리를 두세요.** 크게 흥분한 고양이와 소통하려는 것은 위험할 수 있습니다. 적절치 못한 놀이의 대상이 되어 다칠 수 있으니까요.

장기적 대응 방법

- **고양이의 야생적 리듬을 활용하여** 매일 신체적·정신적으로 운동할 기회를 충분히 제공하세요. 기어오르거나 긁을 수 있는 물품, 몰래 접근하고 뒤쫓을 수 있는 장난감, 그리고 이상적으로는 좌절감이나 지루함을 완화시켜줄 집밖에서의 자극을 준비하면 좋습니다(46~47, 64~65쪽 참조).

> 66
> 내달리기는 대안적인 활동이나 배출 수단 없이 주로 집 안에서 지내는 고양이와 어린 고양이에게 흔히 나타납니다.
> 99

우리 고양이는 캣닢에 환장해요

우리 고양이는 캣닢만 보면 채신머리가 없어져요. 바닥에 구르고 비비고 침까지 흘리면서 취하는 것 같아요. 그런데 어떤 고양이는 캣닢을 보고도 무덤덤한 듯 가만히 있더라고요.

왜 이러는 걸까요?

캣닢(개박하, *Nepeta cataria*)은 강력하지만 무해한 오일(네페탈락톤)을 공기 중에 방출하는 허브입니다. 고양이가 흡입하면 뇌 속의 특정 경로를 자극하며, 정확히 어떤 생각과 느낌이 드는지는 알 수 없지만, 그 반응은 분명히 즐거워 보입니다.

캣닢에 대한 고양이의 반응은 유전적인 특성이지만 모든 고양이가 '캣닢 유전자'를 보유하지는 않습니다. 사자와 표범은 캣닢의 유혹에 빠질 수 있지만, 호랑이와 집고양이 새끼는 영향을 덜 받는 것 같습니다.

캣닢에 대한 반응은 제각각입니다. 대부분은 놀이와 성행위가 결합된 모습을 보이지만, 아무런 영향 없이 무관심하거나 냉담한 고양이도 있습니다. 대개 점잖지 못하게 구르고 비비고 핥고 침 흘리고 소리 내고 뒷발로 차고 나서는 널브러져 가르랑거리는 반응이 가장 흔하죠. 이러한 희열은 10분 내로 사라지며, 이후 약 30분 동안은 영향을 받지 않습니다.

어떻게 해야 할까요?

즉각적 대응 방법

- **어떻게 반응하는지 관찰하세요.** 캣닢에 탐닉한 후 아주 편안한가요, 전혀 무관심한가요, 아니면 황홀경에 빠졌나요?
- **도취된 고양이를 조심하세요.** 지나치게 흥분되고 자극되면 날카로운 이빨과 발톱으로 손을 물거나 할퀴기도 하니까요.

어떤 의미일까요?

왜 일부 고양이가 캣닢에 반응을 일으키는 유전자를 보유하고 있는지는 알 수 없지만, 캣닢은 많은 고양이의 삶을 풍요롭게 하는 것 같습니다.

뒷발 차기: '먹잇감'을 때려눕히고 제압

장기적 대응 방법

- **캣닙이나 그보다 순한 캣민트**(*Nepeta × faassenii*)를 기르세요. 캣민트는 나비와 벌을 유인하는 예쁜 보라색 꽃을 피웁니다. 비슷한 효과가 있는 다른 식물로는 분홍괴불나무(*Lonicera tatarica*), 개다래나무(*Actinidia polygama*), 서양쥐오줌풀(*Valeriana officinalis*) 등이 있습니다.
- **말린 캣닙을 숨겨두거나 뿌려서** 고양이의 장난감에 활력을 불어넣고 새로운 스크래처에 관심을 갖게 해보세요. 안전하고 중독성이 없지만, 다량으로 섭취하면 졸음이나 배탈을 유발할 수 있습니다.

무반응 고양이:
'스핑크스' 자세를 하고 안전한 거리에서 주시

내민 혀:
침이 질질

안쪽으로 휜 발톱: 캣닙의 '도망'을 방지

감은 눈: 몸을 비비는 동안 눈 손상을 방지

캣닙 장난감

우리 고양이는 자기가 소인 줄 알아요

우리 고양이는 멋지고 윤택이 나는… 풀! 풀을 잘 먹어요!
잎도 좋아하고 난초를 씹기도 한답니다.
식물의 섬유질이 고양이에게 좋은가요? (#CatNotCattle)

왜 이러는 걸까요?

좋든 싫든 간에 일부 고양이는 풀을 뜯습니다. 실제 행동을 보지는 못했어도 러그 위에서 증거를 잡은 적이 있을 것입니다. 왜 육식동물이 식물성 섬유를 섭취하는지 정확히 알 수는 없지만, 야생의 육식동물도 초목을 씹는 경우가 흔합니다. 수분이나 영양을 보충하거나 장내 세균총을 토양 미생물로 다시 채우거나 내장의 독, 과도한 털, 기생충을 해독하는 등 기능적인 목적 때문일 가능성이 높습니다. 식물이 유독하거나(64~65쪽 참조) 날카롭거나 살충제가 묻어 있지 않다면 해롭지는 않겠지만, (특히 집고양이를 위해 컨테이너에서 재배된) 캣그라스를 주는 것이 가장 좋습니다.

치명적인 백합

백합, 특히 릴리움Lilium과 헤메로칼리스Hemerocallis 종은 고양이의 신장을 파괴하는 강력한 독소를 함유하고 있습니다. 고양이가 꽃잎, 줄기, 수술, 또는 잎을 씹거나, 스치고 지나가 털에 묻은 꽃가루를 핥거나, 꽃병의 물을 마신다면 결과는 치명적일 수 있습니다.

어떻게 해야 할까요?

- **캣그라스를 주세요**. 실내에서 사는 고양이가 특히 지루해하거나 호기심이 많다면요. 고양이의 삶을 풍요롭게 하는 데는 집에서 기르는 화분으로도 충분하지만, 밀, 귀리, 보리, 호밀 같은 곡물 씨앗을 직접 발아시켜 창턱에서 길러도 됩니다. 단, 씹으면 독성이 나타나는 것도 있으므로 식용 허브는 피하세요(58~59쪽 참조).

- **집에 들이는 모든 식물이 안전한지** 확인하세요. 구근 식물, 크리스마스트리, 포인세티아는 유독하고 자극적입니다. 안전한 꽃과 화초가 무엇인지 친한 사람에게도 알려주세요. 의심스러우면 밖에 내놓으세요. 위험을 감수할 이유는 없으니까요.

- **살충제나 비료에 주의하세요**. 고양이가 자꾸 식물을 먹으려 한다면요.

- **뒷면이 끈적끈적한 장식용 풀을 키우지 마세요**. 고양이가 씹다가 뱉으려고 할 때 목구멍이나 코에 붙어 통증을 유발할 수 있습니다.

- **꽃병과 화초를** 매다는 꽃바구니, 테라리엄, 또는 모조 화초로 바꾸세요.

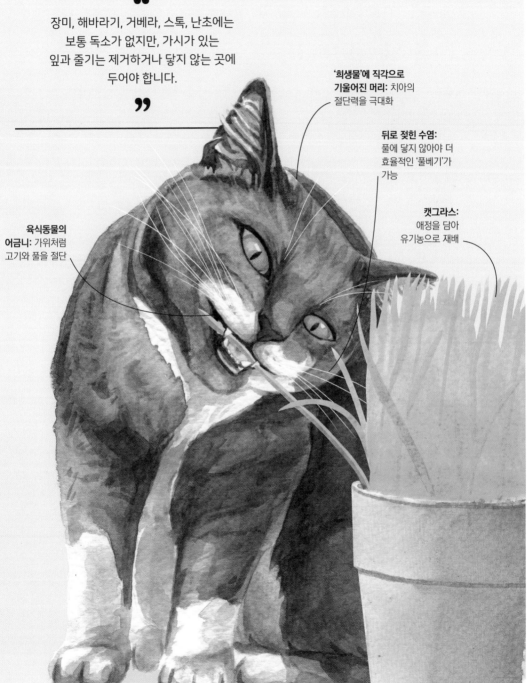

장미, 해바라기, 거베라, 스톡, 난초에는
보통 독소가 없지만, 가시가 있는
잎과 줄기는 제거하거나 닿지 않는 곳에
두어야 합니다.

**'희생물'에 직각으로
기울어진 머리:** 치아의
절단력을 극대화

뒤로 젖힌 수염:
풀에 닿지 않아야 더
효율적인 '풀베기'가
가능

캣그라스:
애정을 담아
유기농으로 재배

**육식동물의
어금니:** 가위처럼
고기와 풀을 절단

우리 고양이는 높은 데서
저를 내려다봐요

우리 고양이는 커튼 레일이나 방문 꼭대기처럼 방에서 가장 높은 곳에
걸터앉아 있어요! 아주 불편해 보이는데 왜 그러는 거죠?

왜 이러는 걸까요?

단지 높은 곳을 좋아할 따름입니다. 넓은 영역을 지켜보고 통제감을 얻을 수 있기 때문이죠. 가깝지만 손길이 닿지 않는 곳에 걸터앉음으로써 자신만의 방식으로 당신과 상호작용을 하는 것입니다. 나름의 사교성을 발휘하는 중이지만 그리 사교적인 성격은 아니죠. 다른 반려동물이 바닥을 차지하려 한다면, 고양이는 흔히 안전한 공간을 찾기 위해 높은 곳을 올려다봅니다.

어떻게 해야 할까요?

즉각적 대응 방법

• **그대로 두세요.** 문에 끼이거나 커튼이 떨어질 염려가 없다면요. 위태로운 자리가 너무 불편해지면 뛰어내릴 거예요. 필요하다면 안전을 염두에 두고 침착하게 잡아서 내려놓으세요. 소파를 딛고 올라가 불안정한 자세로 거칠게 잡아채지 말고 발판이 있는 사다리를 사용하세요.

장기적 대응 방법

• **기어오르기는 고양이의 일이니** 막을 수 없고 막을 필요도 없습니다. 더 안전하고 재밌는 자리를 제공하면 위험한 등반을 줄일 수 있겠죠. 가구를 재배치해서 바닥으로부터 단계적으로 높아지는 경로를 만들어보세요. 캣트리나 해먹을 구입해도 좋지만, DIY에 관심이 많다면 다층 구조의 선반이나 나만의 고층 캣타워를 만들어 집 안을 '고양이화'해보는 건 어떨까요?

• **여러모로 안심할 수 있는 은신처를** 마련해주세요. 고양이가 평소보다 더 높은 곳에 있다면 바닥이 안전하지 않다고 느끼는 것일 수 있습니다. 다른 고양이(156~157쪽 참조), 개, 또는 아이들에게 시달리지는 않는지 살펴주세요.

벽 타기

노령이거나 허약하지 않은 고양이는 모두 기어오르는 것을 좋아합니다. 샴, 오리엔탈, 벵골 같은 민첩한 품종은 특히 활동적이고 높은 곳에 잘 오르는 경향을 보이죠. 수많은 가엾은 집사가 알고 있듯이 벵골은 놀랄 만큼 먼 곳을 뛰어오를 수 있습니다.

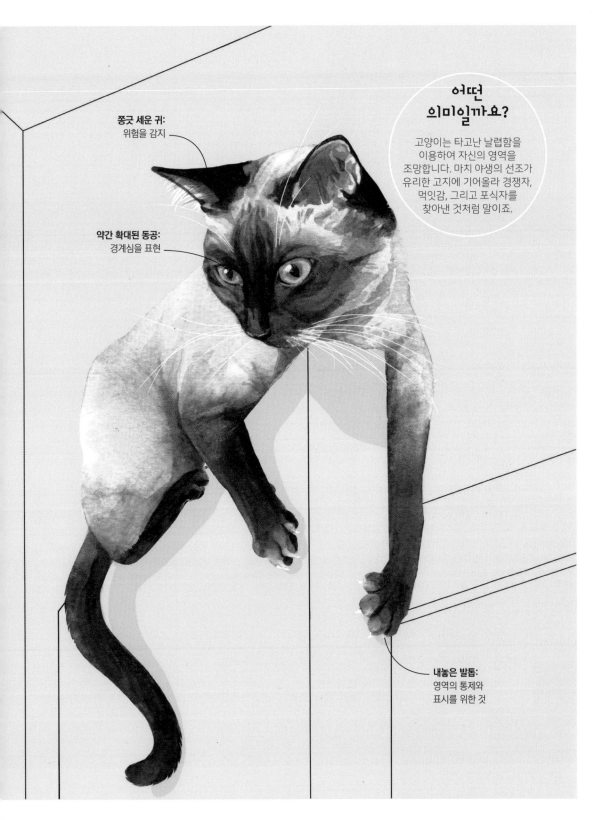

쫑긋 세운 귀:
위험을 감지

약간 확대된 동공:
경계심을 표현

어떤
의미일까요?

고양이는 타고난 날렵함을
이용하여 자신의 영역을
조망합니다. 마치 야생의 선조가
유리한 고지에 기어올라 경쟁자,
먹잇감, 그리고 포식자를
찾아낸 것처럼 말이죠.

내놓은 발톱:
영역의 통제와
표시를 위한 것

서바이벌 가이드

완벽한 고양이 보금자리

집 안은 고양이의 영역이며 고양이에게 필요한 것을
모두 제공해야 합니다. 통제감과 선택권을 보장받고 잠재하는
야생 본능에 충실할 수 있는 편안한 안식처여야 합니다.

1

참선의 공간 만들기

고양이는 자신의 영역이 아늑하고
안전하고 고요하기를 바라며, 다양한
수준에서 쉬고 숨을 수 있는 여러 방과
환경을 선호합니다. 기분에 따라 햇볕을
쬐며 대자로 눕거나 어두운 은둔처에
바싹 파고들 선택권을 주세요.

2

밀실 공포증 방지

고양이는 자신의 영역을 적극적으로 탐색하기
때문에 뛰어오르고, 기어오르고, 뛰고, 긁고,
포식 충동에 따라 행동할 공간이 필요합니다.
또 새로운 도전과 기회를 찾아 먹이를
찾아다니고 해결하기를 갈망하죠. 물론
중간중간 조용한 휴식 시간도 필요하고요.

3

본성의 수긍

고양이에게 통제, 선택,
일과를 제공하여 내면의 야생
본능(10~11쪽 참조)을
충족시켜주세요. 음식, 물,
휴식, 용변 구역을 분리하고
고양이가 여럿 있는
가정에서는 돌아다니는 데
충분한 공간을 확보하는 등
생명 유지에 필수적인 자원을
사려 깊게 제공하세요.

4

감각 과부하 방지

인공적인 향, 조명,
시끄러운 기기는 고양이의
초강력 감각을 압도할 수
있어요. 신선한 공기와
녹지 공간을 최대한
제공하면 고양이의
웰빙(64~65쪽 참조)에
유익할 것입니다.

5

자유로운 이동

상자, 다른 반려동물,
아이들, 방문객 등
낯설거나 '무서운'
장애물은 자원이나
출입 경로에 접근하는
것을 제한할 수 있습니다.
방문을 열어 놓고 자동
캣플랩을 설치하세요
(130~131쪽 참조).

우리 고양이는 택배가 오면 좋아해요

택배가 도착하면 저보다 고양이가 더 신나요.
빈 상자와 내부 포장재로 가장 좋아하는 숨바꼭질 게임을 시작합니다.
대체 왜 이렇게 좋아하는 거죠?

왜 이러는 걸까요?

고양이는 타고난 호기심으로 자신의 영역에
있는 낯선 것을 살펴보는데, 보드지 상자는
탐색할 만한 흥미로운 질감과 부스럭거리는
소리가 풍부합니다. 살쾡이가 잎이 무성한
은신처에서 그렇듯이 고양이는 내부 포장재
안에 기분 좋게 드러누울 수 있습니다.

상자 안의 어둡고 좁은 공간은 겁을 잘 먹
는 고양이에게 집안의 소란과 번잡함에서
벗어날 도피처를 제공하며, 아마도 엄마, 형
제와 부둥켜안고 잤던 새끼고양이 시절로
돌아간 느낌일 겁니다. 또한 '포식자'로부
터 보호받는 느낌을 줍니다.

대담하고 여유 있는 고양이는 상
자로 미니 은신처를 시뮬레이션합
니다. 그 안에서 습격할 '먹잇감'
을 기다리며 주변을 은밀하게
살필 수 있죠. '먹잇감'이 다
른 소심한 반려동물이나 당
신의 발목이 아니라, 버려
진 포장지나 장난기 많은
동료 고양이라면 좋겠
네요.

어떤 의미일까요?

외부에서 집으로 들어오는 모든
물품은 새로운 냄새로 가득할
것입니다. 고양이는 생존 본능에
따라 잠재적 위협이 될 수
있는지 판단하려고
하죠.

보드지 상자:
숨거나 매복 공격할
장소를 제공하여 포식자-
먹잇감 게임에 이상적

어떻게 해야 할까요?

즉각적 대응 방법

- **고양이의 관심을 받아들이세요.** 주문한 물품의 가치가 훨씬 커졌으니까요!
- **위험 요소를 제거하세요.** 고양이가 방습제나 스테이플러 심, 플라스틱, 접착테이프, 보드지를 씹을 수도 있으니 조심해야 합니다.
- **'놀이'가 지나치지 않게 하세요.** 당신이나 다른 반려동물을 매복 공격하는 것이 억눌린 본능과 에너지의 배출구가 되면 부상이나 싸움으로 이어질 수 있으니까요.

장기적 대응 방법

- **보드지 상자를 두어** 집 안의 높은 곳과 낮은 곳에서 놀이터나 쉼터로 삼을 수 있도록 하세요. 고양이가 여럿인 가정에서는 영역 다툼을 방지할 수 있습니다.
- **보드지를 스크래칭 패드로도 사용할 만**한지 살펴보세요.
- **내면의 야생성을 길러주세요.** 이를테면 흥미를 끄는 낚싯대 장난감, 레이저, 캣닙, 캣그라스, 퍼즐 피더, 고양이 TV 채널 등을 이용해보세요.

창의력 발휘하기

당신(또는 적극적인 아이들)은 내면의 예술성을 발휘하여 단조로운 상자를 가위, 물감, 마커 펜 등으로 꾸밀 수 있습니다. 검색 엔진에 '고양이 상자 아이디어'를 치면 영감을 얻을 수 있죠. 귀찮거나 너무 바쁘다고요? 자동차에서 크루즈선에 이르기까지 다양한 모양의 기성품이 마련되어 있답니다!

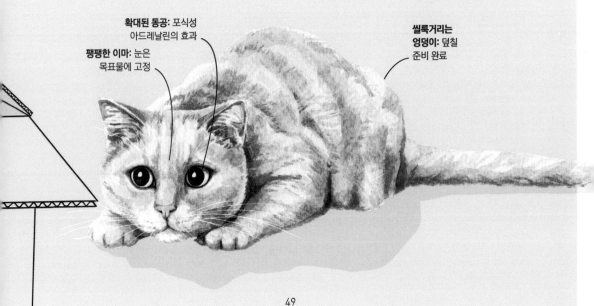

팽팽한 이마: 눈은 목표물에 고정

확대된 동공: 포식성 아드레날린의 효과

씰룩거리는 엉덩이: 덮칠 준비 완료

우리 고양이는 시계를 볼 줄 아는 것 같아요

매일 오전 6시 알람 직전에 나를 깨우고 오후 6시가 되면 창턱에 올라가 제가 오기를 기다립니다. 우리 고양이는 어쩜 그렇게 시간을 잘 맞힐까요?

왜 이러는 걸까요?

인간과 마찬가지로 고양이도 수면과 기상 시간을 명령하고 소화와 온도 조절 같은 생명 활동에 영향을 미치는 고도로 발달된 '체내 시계'를 갖고 있습니다. 내부와 외부 신호 모두 지구의 24시간 주기와 조화를 이루도록 하죠. 전문 관찰자인 고양이는 끊임없이 우리를 지켜보며, 변화를 감지하고 연관을 지음으로써 몇 '시'인지 판단합니다. 결국 고양이의 생체 시계는 당신 스케줄의 신호를 통합하여 알람이 울리기 직전에 배를 꼬르륵거리게 합니다.

고양이는 일과를 잘 지키는 습관적인 생명체이기 때문에 시곗바늘을 앞뒤로 돌리거나 작업 패턴이 바뀌는 등의 갑작스러운 변화는 스트레스와 혼란을 줄 수 있습니다. 적응기간을 두면 혼란을 최소화하는 데 도움이 될 수 있겠죠. 물론 고양이는 자신에게 삶을 맞춰줄 때 가장 행복하지만요!

어떻게 해야 할까요?

• **장기적인 변화를 줘야 한다면** 일주일 전부터 시작하세요. 놀이와 식사 시간을 새로운 일정에 매일 10분씩 가깝게 맞추세요.

• **늦게 귀가하거나** 늦잠을 잘 것 같으면 자동 급식기를 평소 식사 시각으로 설정하여 사용하세요.

• **일정을 앞당기기 전날 밤에는** 놀이, 식사, 휴식 시간을 최대 30분까지 앞당기세요.

• **고양이의 주의를 딴 데로 돌려** 집에 혼자 있다는 것을 상기시키지 마세요. 예를 들어 타이머를 이용하여 해 질 무렵에 조명을 켜고 퍼즐 피더, 고양이 TV, 또는 조용한 음악을 틀어주면 좋습니다.

• **방해하지 마세요!** 고양이의 자연스러운 일상 리듬을 존중하고 자고 싶은 대로 놔두세요.

몇 시지?

고양이 뇌 속의 '시계'는 주로 햇빛, 달빛, 인공조명 같은 빛 환경의 변화에 반응합니다. 고양이는 또한 우리의 일과에 주목하고 우리가 남기는 냄새의 강도를 탐지함으로써 시간 정보를 얻습니다. 새소리나 이웃집 자동차의 시동 소리처럼 예측 가능한 다른 시간 지표도 놓치지 않죠.

기민한 귀: 자동차 고유의 엔진 소음에 집중

초롱초롱한 눈: 햇빛이 희미해지면서 높아진 에너지 수준을 표시

꼬르륵거리는 배: 오후 쥐 시 정각!

침착한 자세: 인내는 미덕

어떤 의미일까요?

당신의 움직임을 추적하는 것이 고양이의 가장 실용적인 일과 중 하나입니다. 바로 당신이 음식, 방문, 놀이 시간, 칭찬을 통제하기 때문이죠.

고양이 관찰 고급편

고양이 악수

고양이는 반사회적이지 않고 명민합니다. 사회적으로 호기심이 많으며, 호감이 가는 사람에게는 환심을 사려고도 하죠. 고양이가 무례하게 구는 것(92~93쪽 참조)은 인간이 고양이의 불문율을 존중하지 않는 데서 비롯되는 경우가 많습니다. 완벽한 '팬 미팅'은 다음과 같아요.

2 쿵쿵 테스트

고양이는 서로 코를 맞대어 얼굴의 냄새샘(14~15쪽 참조)에서 분비되는 친근함과 친숙함의 메시지를 감지합니다. 손을 느슨하게 쥔 채 가운뎃손가락 관절을 살짝 내밀어 고양이의 머리와 코 모양을 만들고 이 인사를 흉내 내보세요.

1 꼬리 세워 다가오기

고양이가 다가올 때 꼬리가 끝이 말린 채 수직으로 세워져 있다면 기분이 좋은 것이고, 꼬리가 떨리기까지 하면 아주 신난 것입니다. 이건 인간의 미소에 해당하며, 당신이 친근해 보여서 교감하고 싶은 것입니다. 당신의 방식이 아닌 그들의 방식으로 말이죠. 그러니 껴안으려는 본능을 뿌리치세요.

3 정성껏 쓰다듬기

발이든 정강이든 손이든 고양이가 문질러준다면
영광이겠죠. 고양이가 어루만져지고 싶은 곳으로
당신의 손을 이끌도록 해보세요(아래 그림 참조). 확신이
안 서면 턱에서부터 뺨을 따라 귀밑까지
쓰다듬어주세요.

4 최고의 특권

대담한 고양이는 뺨을 당신의
손에 대고 밀면서 그대로
전진하여 전신을 문지르게 할
수 있습니다. 정말 대담한
고양이라면 잠시 멈춰 꼬리
밑을 긁은 후 꼬리를 따라
부드럽게 한 번 쓸고 가죠.
하지만 이는 아주 특별한
몸짓이라서 그 정도로
발전하려면 고양이의 속내를
정말로 간파해야 합니다.

5 낯선 고양이
　쓰다듬기

항상 고양이가 먼저
다가오도록 하세요. 측면에
자리하고 고양이의 높이에
맞게 쪼그려 앉으세요. 천천히,
차분하게, 그리고 조용히
움직이고 눈을 직접 마주치지
마세요. 신뢰를 쌓을 때까지
안전지대(오른쪽 참조)에
머무르세요. 고양이의
보디랭귀지, 특히 귀와 꼬리에
주의를 기울이세요(12~13, 27쪽
참조). 짧고 갑작스러운
쓰다듬기는 고양이를 과도하게
자극할 수 있으니 주의하세요.

쓰다듬기 구역
- 주의! 위협적이고
　무서울 수 있음
- 괜찮겠지만 위험할
　수도 있음
- 우호적이고 안전함 —
　추천!

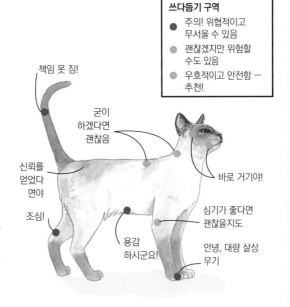

책임 못 짐!

굳이
하겠다면
괜찮음

신뢰를
얻었다
면야

조심!

바로 거기야!

심기가 좋다면
괜찮을지도

용감
하시군요!

안녕, 대량 살상
무기

우리 고양이는 창가에서 보초를 서요

우리 고양이는 창가 초소에 배치된 보초 같아요. 지나가는 모든 개 산책자, 배달 운전자, 그리고 동료 고양이를 감시합니다. 한가한 호기심인가요, 아니면 무언가 문제가 있나요?

왜 이러는 걸까요?

창가에서 관찰하는 것은 고양이에게 자연스러운 일입니다. 창가에 있으면 좋아하는 두 가지 취미에 몰두할 수 있기 때문이죠. 바로 참견하기와 햇볕 쬐기입니다. 보통 고양이는 하루에 5시간을 창가에서 보내며, 대부분은 아마도 새 모이통 위에서 옴짝대는 다람쥐가 얼마나 맛있을지 입맛을 다시며 아주 느긋하게 있지만, 영역의 침입자를 계속 감시하며 만반의 태세를 갖추는 고양이도 있습니다. 불안한 고양이는 끊임없이 경계합니다. 개와 산책자는 잠재적인 포식자이고, 이웃 고양이는 위협적인 경쟁자인 것이죠. 고양이는 위협을 크게 감지할수록 더욱더 과도하게 경계합니다. 이는 만성 불안으로 이어질 수 있으므로 이처럼 염려스러울 정도의 창가 관찰은 해결이 필요합니다.

어떻게 해야 할까요?

즉각적 대응 방법

• **보디랭귀지를 확인하세요.** 불안하거나 초조해 보이나요? (12~13, 122~123쪽 참조) 그렇다면 거리를 두고 눈을 직접 마주치지 마세요. 배회하는 수고양이에게 위협을 느끼면 평소에는 온순한 야옹이가 당신에게 대들 수도 있습니다.

• **장난감 낚싯대로 주의를 딴 데로 돌려** 할퀴지 못하도록 거리를 두고 가짜 물고기를 희생물로 삼으세요.

장기적 대응 방법

• **눈에서 멀어지면 마음도 멀어진다**: 불투명한 정전기 창문 필름을 붙이면 바깥세상을 보는 고양이의 시야를 흐리게 하는 데 도움이 됩니다.

• **해롭지 않은 퇴치제를 사용하여** 다른 고양이의 접근을 막고 소변 자국이 남아 있다면 닦아내세요.

• **신경성 에너지를 해소하는** 데 도움이 되는 퍼즐과 놀이에 열중하게 하세요(138~139, 182~183쪽 참조).

• **광경이 위협적이지 않은 창문이 있다면** 아주 매력적이게 꾸며서 고양이가 아늑한 피난처로 삼게 하세요(56~57, 68~69쪽 참조).

쫑긋 선 귀:
위협적인 소리를
감지

**면밀하게
관찰하는 눈:**
잠재적인
위험을 경계

꼿꼿하고 긴장된 자세:
공격하거나 탈출할 준비
완료

" 고양이가 밖을 바라볼 때
긍정적인 자극을 받도록 해주세요.
다른 창가의 새 모이통이 보인다면
기분 전환이 될 수 있습니다. "

어떤
의미일까요?

온종일 경계하는 것은
고양이에게 필수적인 생존
본능입니다. 고양이는 포식자이자
먹잇감이며, 경쟁자로부터
자신의 영역을 지켜야
한다고 생각하기
때문이죠.

우리 고양이는 아무데서나 자요

완벽한 고양이 침대를 놓았는데 우리 야옹이는 도무지 관심이 없네요.
소파 뒤를 훨씬 더 좋아하는 이유가 무엇인가요?

왜 이러는 걸까요?
고양이가 내면의 시바 여왕과 교신하는 것처럼 보일 수 있지만, 침대에서 자는 데 집착하는 것은 인간입니다. 고양이에게는 안전하고 건조하고 조용하여 경계심을 풀고 쉴 수 있는 장소가 더 중요해요.

소심하고 불안한 고양이는 침대 밑처럼 한적한 공간을 선택할 것이고, 대담하고 사교적인 고양이는 소파 뒤처럼 집 한가운데에 있는 자리를 선호할 것입니다. 식탐이 남다르다면 간식을 바라면서 싱크대 근처 선반을 고를 수도 있죠. 고양이가 때때로 잠자리를 바꾸는 것은 기생충 감염을 억제하기 위한 격세유전이라고 생각됩니다.

어떻게 해야 할까요?
즉각적 대응 방법
- **각자의 방식으로 잠들게 하세요.** 수면은

침대 공유인가 독차지인가?
고양이는 아마도 당신의 침대를 최고의 5성급 호텔로 생각할 것입니다. 조용한 위치, 당신의 냄새, 그리고 파고들거나 대자로 누울 수 있는 아늑한 잠자리를 갖추었기 때문이죠. 나중에 제한하기는 어려우므로 고양이에게 '프리 패스'를 줄지 처음부터 결정해야 할 것입니다.

재충전과 신체 회복에 필수적입니다.
- **면밀히 조사해보세요.** 고양이가 선택한 자리가 당신이 제공한 아늑한 쉼터보다 더 좋은 이유가 무엇일까요? 냄새, 크기, 모양, 온도, 질감, 접근성, 혹은 위치 때문이 아닐까요?

장기적 대응 방법
- **낯선 냄새를 씻어내고** 페로몬(14~15쪽 참조)을 발라 고양이 침대의 매력을 높여보세요.
- **새 침대를 선호하는 자리**에 두고 익숙한 담요를 놓아주세요.
- **침대는 들어가기 쉽고,** 음식, 물, 스크래처에서 너무 멀지 않고, 리터 박스와 잠재적인 '위협'에서 떨어져 있어야 합니다.
- **새 침대를 긍정적인 장소로** 만들어주세요. 간식 또는 캣닙을 이용하거나 많이 쓰다듬어주면 좋아요.
- **고양이에게 선택권을 주세요.** 추위를 타는 고양이를 위한 라디에이터 침대, 숨어 자는 고양이를 위한 이글루나 터널 침대, 일광욕하거나 참견하기 좋아하는 고양이를 위한 창턱 침대 등 여러 장소에 다양한 유형의 침대를 마련해보세요.

특히 샴과 버미즈는 체온 유지를
위해 따뜻한 곳을 찾는데,
새 침대에 온열 패드를 살짝
올려놓으면 더 좋아하겠죠?

유리한 고지: '오가는
사람들'과 거리 두기

이완된 꼬리:
느긋한 상태

드러난 배:
편히 쉬는 상태

어떤
의미일까요?

고양이는 포식자이자 먹잇감으로
진화했기 때문에 주변 환경을
관찰할 기회와 더불어 안전한
휴식처를 추구합니다.

우리 고양이는 채식주의자가 되려고 해요

하필 딸기를 그리 좋아하는 걸 보면 자신이 육식동물이라는 사실을 잊은 것
같아요. 심지어는 제 접시에서 브로콜리까지 훔쳐 간다니까요?
채식 고양이 사료를 사줘야 할까요?

왜 이러는 걸까요?

빈속이거나 타고난 호기심이 결합하면 특
이한 음식을 선택할 수 있습니다. 고양이
가 단 것에 빠질 것 같지는 않지만, 좋아하
는 다른 맛을 고집할 수는 있어요. 그레이
비, 샐러드드레싱, 치즈 같은 인간의 음식
대다수는 고기와 마찬가지로 소금과 지방
을 함유하기 때문에 끌리는 것이죠. 그리고
물론 음식은 훔쳐먹을 때 더 맛있는 법이니
까요!

음식은 맛이 전부가 아닙니다. 고양이
의 입은 뼈, 연골, 힘줄을 깎고 자르기 위한
도구를 갖추고 있으니 말 그대로 이빨을 박
아 넣을 무언가를 갈망하고 있을 거예요.

필요한 영양소

고양이는 육류에 함유된 만큼의 영양소를
필요로 합니다. 육류에는 타우린 같은 필수
아미노산이 들어 있고 필수지방산 및 비타
민 A, B, D가 풍부하죠. 고양이는 내장이
짧기 때문에 개나 다른 육식동물처럼 식물
성 전분을 소화할 수 없지만, 반려묘는 아마
도 우리가 제공한 다양한 식이를 섭취해서
인지 살쾡이보다 조금 더 긴 창자를 갖게 되
었습니다.

어떻게 해야 할까요?

즉각적 대응 방법

- **빼돌린 음식이 안전한지** 확인하세요. 우
유와 크림 같은 음식은 설사를 유발할
수 있습니다. 초콜릿, 포도, 파속 식물(마
늘, 양파, 골파, 리크) 등은 해롭습니다.

장기적 대응 방법

- **탐색이나 놀이**(64~65, 182~183쪽 참조)
가 부족한가요? 씹어먹을 캣그라스, 아
니면 푸드 퍼즐(138~139쪽 참조)처럼 타
고난 호기심을 자극할 실내 활동을 바라
는 것은 아닐까요?
- **당신과의 소통이 정말로 바라는 것** 아닌
가요? 고양이를 자주 즐겁게 해주세요.
열린 찬장이나 보드지 상자를 탐색하게
하고 소파에서 쉬는 동안 고양이 마
사지기나 막대 장난감을 꺼내보세요.
- **다양한 식단을 선호하는 것은** 당신
이나 고양이나 마찬가지 아닌가요?
수의사에게 적절한 선택지를 문의
해보세요.

> **❝**
>
> 시중의 채식 고양이 사료가 안전하다는
> 보장은 없습니다. 당신의 작은 육식동물이
> 잘 먹는다는 것만으로 마음이 놓일까요?
> 생각해볼 문제입니다.
>
> **❞**

앞으로 내민 수염:
채소 '희생물'을 감지

기울인 머리: 어금니로
자르기에 최적의
각도를 형성

**목표물에 초점을
맞춘 눈:** 근접해서
보려면 집중이 필요

호기심 많은 발톱:
'먹잇감'을 끌어당겨
베어 물 작정

어떤
의미일까요?

고양이는 오감을 모두 동원하여
주변을 탐색하며, 호기심에 이끌려
당신의 그릇에 무엇이 담겨
있는지 상상하게 됩니다.
어쩌면 다양한 음식을
음미하는 것일까요?

우리 고양이가 유명해졌어요

우리 고양이 전용 인스타그램 계정은 매일 팔로워가 늘어나고 사진과 동영상을 업로드할 때마다 내 셀카보다 '좋아요'를 더 많이 받아요. 사람들이 저의 작은 디바를 좋아해줘서 저 또한 개인 비서 활동이 즐겁답니다.

왜 이러는 걸까요?

고양이는 온라인 팬클럽은 안중에도 없고 가상 세계에 비친 모습이 귀여운지, 웃긴지, 사랑스러운지 전혀 관심 밖인 것이 현실입니다. 당신에게 사랑, 보살핌, 그리고 적당한 관심을 받고 있는지가 고양이의 유일한 관심사죠. 대부분은 꾸며지는 것에 반대하며 이렇게 생각할 것입니다. "이 옷 당장 벗기라고!"

어떤 고양이는 아무런 동요 없이 캣워크에서 으스대거나 카메라 앞에 포즈를 취하는 듯하지만, 다른 고양이는 휴대폰으로 끊임없이 사진을 찍어대며 얼굴에 플래시를 터뜨리는 바람에 낮잠이나 놀이를 방해받고 자기 공간이 침해되는 데 짜증이나

화가 치밀 것입니다. 고양이의 보디랭귀지에 항상 주의를 기울이고 스트레스나 불편한 징후(122~123쪽 참조)는 없는지 살펴보세요.

어떻게 해야 할까요?

- **옷을 입히거나 사진을 찍으려 할 때** 고양이가 몸부림치거나 으르렁거리거나 쉭쉭거리거나 얼어붙거나 대든다면 내키지 않는 것이니 존중하고 놓아주세요.
- **몇 겹씩 입히지 마세요.** 고양이는 대부분 두꺼운 이중 피모여서 옷을 겹겹이 입히면 체온이 급상승할 수 있어요.
- **'패션' 액세서리는 불편하고 위험할 수** 있어요. 디아만테 목걸이는 매력적으로 보일 수 있고, 고양이가 착용 후 느긋하고 기분이 좋다면 재빨리 사진 찍는 정도는 괜찮겠지만, 물어뜯거나 무언가에 걸릴 수 있으니 그냥 방치하지 마세요.
- **스스로 확인하세요.** 팔로워를 위한 새로운 '콘텐츠'를 만드는 데 시간이 얼마나 드는지 확인하고 고양이와 함께하는 둘만의 시간이 더 중요하다는 점을 명심하세요.

윤리적 측면

고양이에 대한 트렌드가 외모에만 집중되어 부추겨질 위험이 있습니다. 특히 '세계에서 제일 뚱뚱한 고양이' 같은 제목이나 찌푸린 얼굴처럼 '우스운' 신체적 특징이 고양이의 건강에 영향을 미치거나 무책임한 번식으로 이어질 수도 있죠. 고양이는 살아 있는 장난감도 유명 브랜드 액세서리도 아니니까 늘 소중하게 대하고 희화화하지 마세요.

> 고양이는 대부분 진정한 모델이자 타고난 미의 여왕이므로 본래의 매력에 집중하고 요란한 망토는 참아주세요.

모자: 민감한 피부와 귀 수염을 자극

확대된 동공: 스트레스 호르몬의 급증이 원인

위험한 의상: 움직임과 체온 조절을 방해

색색의 발톱 커버: 발톱을 집어넣고 자연스럽게 행동하는 것을 방해

어떤 의미일까요?

솔직히 말해서 모두 당신 탓입니다. 고양이가 케이프와 티아라를 진정으로 즐기나요, 아니면 당신과 놀이를 하거나 소파 위에서 껴안는 걸 좋아하나요?

서바이벌 가이드

자유의 첫맛

고양이에게 외출을 허용하면 걱정스러운 일이 생길 수 있습니다.
따라서 그 전에 고양이의 내력, 기질, 품종, 건강, 지역적 위험 요소,
규정을 살피고 나서 외출 스트레스를 최소한으로 줄여주세요.

1
'비행 전' 체크

고양이가 중성화되었는지,
최근에 구충제를 먹었는지,
마이크로칩이 삽입되어 있는지
확인하세요. 빛을 반사하는
신속 분리형 목걸이에 방울과
인식표를 달아 채워주세요.
인식표에는 당신의 전화번호와
"칩이 삽입되어 있다"는
문구를 적으세요.

2
통금 시간 설정

사고는 고양이가 사냥
본능을 보이는 황혼과
새벽 사이에 가장 자주
발생합니다. 저녁때
정해진 시간 이후에는
나가지 못하도록 설정할
수 있는 캣 플랩을
구하세요.

3
긍정적인 공간

집 냄새가 나도록 정원
경계 주변에 진공청소기의
내용물을 흩뿌리되 리터
박스의 내용물은 지역의
고양이나 포식자를 유인할
수 있으니 피하세요.
집으로 들어오는 경로는
분명히 드러나야 합니다.

4
침착하게

하루 중 바쁜 시기를
피하고 개 짖는 소리,
아이들이 악쓰는 소리,
폐기물 수거 소리 등
스트레스를 유발할 수 있는
소음이나 위험 요소에
주의하세요. 날씨 좋은 날
조용한 시간을 선택하세요.

5
유쾌한 경험

아침 식사를 미루고
돌아오면 음식을 주세요.
공복에는 멀리 가지 않으려
할 테니까요. 밖에 함께
앉아 얼러주고 놀이에
참여시키고 안심시키는
어조로 이야기하세요.

6
'착륙' 확인

새로운 고양이는 이웃의
반려동물에게 환영받지 못할
수 있으니 고양이끼리 다투는
소리가 나지 않는지 잘
들어보세요. 모험가가
돌아오면 주의 깊게 살펴보고
몸이 불편해 보이면
동물병원에 데려가세요.

우리 고양이는 대자연을 만끽하려고 해요

조용한 동네에 사는데도 고양이를 밖에 내보내기가 겁이 납니다. 그래도
고양이가 탐험하고 신선한 공기를 쐴 수 있으면 좋겠어요.

왜 이러는 걸까요?

고양이는 타고난 탐험가이기 때문에 실내
생활은 어쩌면 따분하고 불만족스러울 수
있어요. 그래서 본능적 요구를 충족시키는
실내 환경이 중요하죠(46~47쪽 참조). 실외
경험을 통해 제공할 수 있는 것은 지역의
환경, 기후, 야생동물, 법률뿐만 아니라 고
양이의 성격과 특유의 불안감에 따라서도
달라집니다. 고양이는 주변 환경을 살피는
것을 좋아하지만, 모험심과 호기심이 지나
치면 곤경에 빠질 수 있어요. 실내와 실외
모두 위험이 상존하기 때문에 어떻게 최소
화할지 수의사에게 조언을 구하는 것이 좋
습니다.

어떻게 해야 할까요?

황야를 실내에 들이세요

- **즐거운 먹이 찾기:** 보드지 상자나 종이
  가방에 깃털, 나뭇잎, 또는 잔가지를 채
  우고 간식이나 장난감을 넣어주세요. 계
  속 지켜보며 씹지 않도록 하세요.
- **야생동물 관찰:** 창가에 새 모이통을 설
  치하거나 물고기나 새가 등장하는 영상
  을 틀거나 쥐 잡기 앱을 활용하세요.
- **녹지 생활:** 안전한 식물(42~43쪽 참조)로
  창턱에 실내 녹지 공간을 만드세요.

안전한 실외 공간을 만드세요

- **고양이용 자외선 차단제로** 분홍빛 코와
  귀를 보호해주세요. 그늘을 만들어주고
  화장실과 음수대를 마련해주세요.
- **안전한 식물을 들이세요.** 캣닢, 캣그라
  스, 쥐오줌풀, 부들레아, 가시 없는 장미
  등이 고양이에게 안전합니다. 모든 식물
  의 독성을 늘 확인하세요.
- **경계를 넘어가지 못하도록** 캣 롤러 또는
  브래킷과 시판되는 고양이용 그물망을
  울타리, 벽, 창고, 나무 둥치 등에 걸거나,
  발코니나 파티오(캐티오)를 그물망으로
  둘러막으세요.

거닐기와 몸부림치기

대담한 고양이는 때맞춰 돌아오는 법을 배우거
나 목걸이를 받아들이거나 캐리어 또는 유모차
에 탈 수 있습니다. 하지만 겁이 많은 고양이에
게는 변화하는 환경, 그리고 도망치거나 숨거나
탐험을 통제할 수 없다는 사실이 너무나 혼란스
럽습니다. 고양이의 성격을 고려해서 먼저 실내
에서 새로운 것을 시도해보고 보디랭귀지를 통
해 스트레스의 징후(12~13, 122~123쪽 참
조)가 있는지 확인하세요.

코: 신선한 공기로부터 자연의 냄새를 감지

과꽃: 고양이에게 무독성

민감한 분홍빛 피부: 자외선에 취약

수축된 동공: 밝은 햇빛 때문

앞으로 쫑긋 세운 귀: 흔치 않은 실외의 소리를 경계

어떤 의미일까요?

고양이는 제 방식대로 영역을 탐험하려고 하며, 이상적으로는 자연 세계로 모험을 확장할 안전한 방법이 필요합니다.

우리 고양이는 끔찍한 선물을 가져와요

마치 고양이 한니발 렉터와 함께 사는 것 같아요.
제 침실이 작은 은신처고요. 우리 고양이를
사랑하지만 다른 동물들 역시 소중합니다.
우리 작은 연쇄 살인범이 갱생할 수 있을까요?

어떤 의미일까요?

사냥은 생존 본능입니다. 고양이는
먹잇감을 다른 고양이, 청소동물,
포식자로부터 멀리 떨어진 핵심
영역으로 가져와 나중을 위해
저장하거나 느긋하게
포식합니다.

초음파 귀:
먹잇감의 소리에
집중

'속눈썹 연장':
먹잇감을 감지하고
보호용 눈 깜빡임을
촉발

수직형 동공:
먹잇감
표적까지의 거리
판단에 유용

'가지고 놀기':
살아 있는지 확인

66

> **❝**
> 타고난 행동을 벌주거나
> 막을 수는 없습니다.
> 대체 수단을 제공하는 수밖에 없죠.
> **❞**

왜 이러는 걸까요?

비정기적인 헌납으로든 일상적인 의식으로든 일부 고양이는 쥐나 새, 거미와 나방에 이르기까지 섬뜩하거나 살아 있는 먹잇감을 가져다줍니다. 사냥의 기쁨이나 애정 표현을 과도하게 나타내는 것으로 해석되기 쉽지만, 고양이는 단지 내재하는 야생성의 부름에 충실히 따랐을 뿐이죠. 어미가 유능한 사냥꾼이었다면 새끼고양이 시절에 잘 배웠을 것입니다. 매일 먹는 사료보다 신선한 쥐나 아삭아삭한 파리의 맛을 선호한다면 희생물을 정말 먹을지도 모릅니다. 어쨌든 사냥은 본능이라서 응석을 부리는 품종일지라도 기회만 주어지면 기꺼이 나설 것입니다.

어떻게 해야 할까요?

즉각적 대응 방법

- **평정심을 유지하세요.** 야단치거나 쫓아내거나 간식 또는 칭찬으로 보상하지 마세요.
- **본능을 방치하면 트라우마를 초래하고** 엉망이 될 수 있습니다. 희생물의 고통을 줄이기 위해 가능하면 수의사에게 연

락하는 동안 작은 상자에 넣어 따뜻하고 어둡고 조용한 곳에 두세요. 다친 먹잇감은 적절한 약물과 전문적인 치료로 생존할 수 있지만, 쇼크와 감염의 위험 때문에 그냥 풀어주는 것은 아마도 최선이 아닐 것입니다.

장기적 대응 방법

- **구충제를 제때 복용시키세요.** 특히 잡은 먹잇감을 즐겨 먹는다면요.
- **모의 사냥 활동 놀이**(70~71, 182~183쪽 참조)를 많이 하고 작고 예측 가능한 음식을 자주 주는 식으로 자연을 연출하세요.
- **사냥 성공의 가능성을 낮추세요.** 빛을 반사하는 신속 분리형 목걸이에 방울을 달아 채워주세요. 먹잇감이 가장 활동적일 때(황혼과 새벽 사이) 외출하지 못하게 설정할 수 있는 마이크로칩 캣 플랩을 설치하세요.
- **실내에서만?** 외출하는 고양이를 추후 실내에만 머무르게 할 생각이면 고양이 행동 전문가와 상의하세요.

고양이 vs. 야생동물

소중한 토착 동물을 보호할 필요가 있는 상황에서 고양이의 타고난 포식 충동을 배려하는 것은 도덕적으로 논란의 여지가 있습니다. 우리는 고양이를 집으로 불러들였지만, 자연에서 이루어지는 본능적 행동은 멸종 위기종을 살려두지 않기 때문에 야생동물의 보호를 위해 통금 시간을 설정하고 방울이 달린 신속 분리형 목걸이를 채우는 것이 현명합니다.

우리 고양이는 새에게 재잘거려요

우리 고양이는 가끔 바깥의 먹이통에 모여든 새와 다람쥐를 발견할 때마다
아주 기이한 소리를 냅니다. 마치 의사소통을 시도하며 가까이 오라고
하는 것 같아요.

왜 이러는 걸까요?

고양이의 발성 레퍼토리에서 가장 재미있는 소리 중 하나인 '재잘거림' 혹은 '지저귐'은 보통 먹잇감을 관찰할 때 나옵니다. 입이 연달아 열리고 닫히며 이빨이 맞부딪치는 가운데 발성이 이루어지고, 자세히 보면 주둥이와 턱이 리드미컬하게 씰룩거리죠. 딸깍 소리와 짧고 날카로운 찍찍 소리의 다양한 조합으로 고양이마다 고유의 소리를 내는 듯이 보입니다. 아늑한 창가에서 비둘기 감시를 하든 발이 닿지 않는 다람쥐를 노려보든 이룰 수 없는 것을 갈망할 때 내는 소리 같아요.

> **"**
> 마치 아드레날린이 솟구치는
> 레이서가 출발선에서 엔진을 돌리듯이,
> 재잘거리는 고양이는
> 흥분과 기대가 뒤섞인 상태를
> 경험하고 있을 것입니다.
> **"**

어떻게 해야 할까요?

즉각적 대응 방법

• **흥미로운 모습을 즐기되** 이러한 행동 이면에 있을 좌절감을 염두에 두세요. 실외 접근이 제한적이거나 마음껏 탐험하고 기어오르고 몰래 뒤쫓고 덮칠 수 있는 실내 공간과 자원이 부족하면 그럴 수 있으니까요. 이는 당신의 집과 정원이 얼마나 고양이 친화적인지(46~47, 64~65쪽 참조) 확인하는 잣대가 될 수 있습니다.

장기적 대응 방법

• **야생동물 관찰이** 고양이가 가장 좋아하는 취미라면 그것을 받아들이고 작은 탐조가를 위해 전망 좋은 자리를 마련해주세요. 고양이용 창가 자리는 모양과 크기에 구애받지 않습니다. 해먹을 라디에이터에 걸거나 창유리에 흡착판으로 단단히 부착할 수 있고, DIY 실력을 연마하여 맞춤형 자리를 마련할 수도 있습니다.
• **야생성을 길러주세요.** 고양이가 좋아하는 먹잇감 모양의 장난감을 이용하세요. 새를 좋아하면 깃털, 쥐를 좋아하면 인조털이 좋습니다.

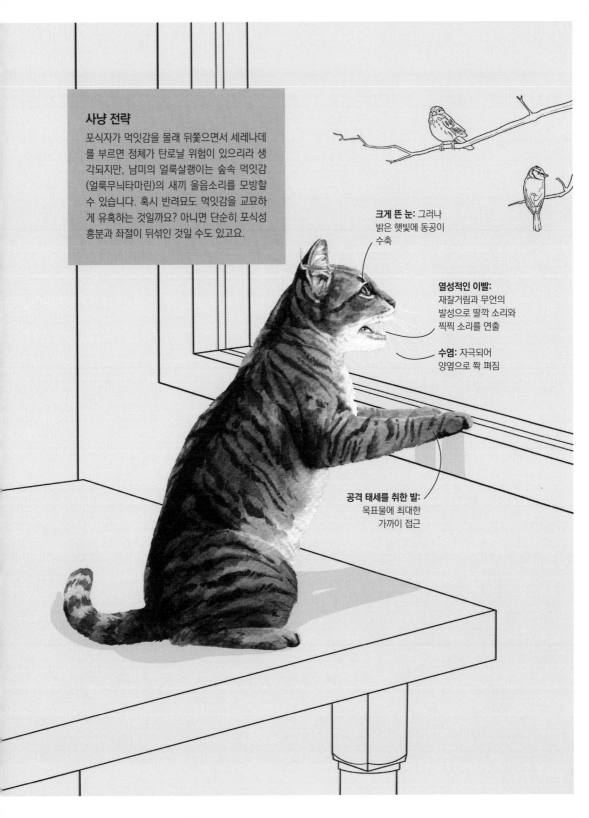

사냥 전략

포식자가 먹잇감을 몰래 뒤쫓으면서 세레나데를 부르면 정체가 탄로날 위험이 있으리라 생각되지만, 남미의 얼룩살쾡이는 숲속 먹잇감(얼룩무늬타마린)의 새끼 울음소리를 모방할 수 있습니다. 혹시 반려묘도 먹잇감을 교묘하게 유혹하는 것일까요? 아니면 단순히 포식성 흥분과 좌절이 뒤섞인 것일 수도 있고요.

크게 뜬 눈: 그러나 밝은 햇빛에 동공이 수축

열성적인 이빨: 재잘거림과 무언의 발성으로 딸깍 소리와 찍찍 소리를 연출

수염: 자극되어 양옆으로 쫙 펴짐

공격 태세를 취한 발: 목표물에 최대한 가까이 접근

고양이 관찰 고급편

포식 순서

포식 행동은 고양이로서 본질적인 부분이며, 정원을 배회하며 살아 있는
목표물을 노리든 실내에서 가짜 먹잇감을 보고 매복하든 전술은 비슷할
것입니다. 포식 순서를 이해하면 고양이의 본능을 알게 되고 활기찬
놀이 시나리오를 짜는 데 큰 도움이 됩니다.

1 탐색하기

고양이는 적당한
먹잇감(보통 작은 설치류나
새)을 찾아 단독으로
영역을 순찰합니다.
보통 참을성 있게
앉아서 기다리며
초음파 청력으로 고음을
수음하죠. 눈으로는
단서를 살피다가
표적의 위치에 시선을
집중합니다.

2 몰래 뒤쫓기

고양이는 보통 먹잇감을 측면이나 후면에서 몰래
뒤쫓습니다. 목표물에 시선을 고정하고 다리를 구부리고
배를 땅에 붙인 채 천천히 그리고 꾸준하게 기어가죠.
상황이 급변하면 쪼그려 앉은 자세를 유지하며 달리기도
합니다.

3 추적하기

매복 포식자인 고양이는 치타처럼 먹잇감을 뒤쫓아
기진맥진하게 만드는 대신 잠행과 기습적인 요소에
의존합니다. 고양이가 달린다면 장거리 추적이 아니라
전력 질주입니다. 먹잇감을 놓치지 않으려고 필요에
따라서는 이리저리 방향을 틀기도 하죠.

5 포획하고 죽이기

먹잇감은 발이나 턱 사이에 잡힙니다. 근거리 시력이 좋지 않은 고양이는 앞발바닥과 발톱을 사용해서 움직임을 감지하고 입술로 먹잇감의 방향을 파악합니다. 그리고 송곳니로 치명타를 입히죠.

4 덮치기

이 근거리 전술은 정확성이 생명입니다. 웅크린 상태에서 트레이드마크인 '엉덩이 씰룩'을 선보이다가 달려나갑니다. 머리를 낮추고 시선을 고정하고 귀를 쫑긋 세워 목표물에 집중하고요. 착지할 때는 앞으로 뻗은 수염으로 먹잇감의 정확한 위치를 가늠합니다.

6 처리하기

즉사하지 않은 먹잇감은 반격하는 경우가 많으므로 고양이는 작은 희생물을 강타하고 던지고 내동댕이치며 몸집이 큰 경우는 뒷발로 찹니다. 살아 있는지 확인하거나 부상을 입지 않으려고 목표물을 잠시 내버려두기도 합니다.

8 휴식하기

야생에서는 이러한 고된 과정을 하루에 20회까지 반복하기 때문에 재충전은 필수입니다. 사냥감을 소화하고, 포식자를 유인하거나 미래의 먹잇감을 쫓아버리지 않기 위해 털에 묻은 피와 기생충을 닦아내는 시간이죠.

7 준비하고 먹기

사냥꾼은 먹잇감을 입에 물고 안전한 곳으로 물러나서 배불리 먹거나 경쟁자와 포식자의 눈을 피해 감추려 할 것입니다. 배가 고프다면 앞니로 깃털을 뽑고 가시 돋친 혀로 피부와 가죽을 벗겨 살코기를 발라내겠죠.

2장

고양이와 나

고양이는 감정을 표현하거나 우리의
일거수일투족에 구애받지 않고 보통 멀리서
조용히 관찰하는 것을 좋아합니다. 그렇다고
우리와 함께 있거나 애정을 나누는 것을 꺼리는
것은 아니에요. 단지 혼자 있는 것이 소중하고
자신의 공간이 필요한 것이죠.

우리 고양이는 내 무릎을 꾹꾹 누르며 침 범벅을 만들어요

저는 고양이와 붙어 있는 시간을 좋아해요. 하지만 고양이가 제 무릎을 꾹꾹 누르며 침 범벅을 만들 때는 좀 난감해요. (#Notcool)

왜 이러는 걸까요?

고양이가 당신의 무릎이나 침대 또는 담요 위에서 앞발로 리드미컬하게 누르는 것을 본 적이 있을 것입니다. 마치 제빵사가 밀가루를 반죽하는 것처럼요. 이건 기분이 좋다는 얘기입니다. 야생의 선조도 낯선 곳에서 잘 잠들기 위해 그랬으니까요.

이러한 행동, 귀여운 말로 '꾹꾹이'는 어미의 젖을 잘 나오게 하려는 젖먹이 고양이의 정상적인 본능이기도 합니다. 일부 어른 고양이는 옷이나 담요 같은 부드러운 물건을 반죽하면서 빨기까지 하고(116~117쪽 참조), 발정한 암컷 고양이는 땅바닥을 반죽하기도 하죠.

고양이가 당신과 붙어 있는 시간 동안 느끼는 기쁨과 편안함은 타액의 과도한 생산을 촉발할 수도 있습니다(마치 젖을 소화하려고 준비하는 것처럼). 아드레날린이 솟구치는 것과 반대로 몸이 '싸움이냐 도망이냐'의 생존 모드 대신 '휴식과 소화' 모드로 돌입하는 거죠. 그러면 긴장이 풀리고 심장 박동이 느려지고 묽은 타액이 방출됩니다. 코에서의 분비가 과도하게 자극되어 '코흘리개'가 되기도 하고요.

어떻게 해야 할까요?

즉각적 대응 방법

- **진정하세요.** 행복감에 빠진 고양이를 불안하게 만들고 싶지는 않겠죠. 안 그러면 고양이가 앞으로 당신 무릎을 피할 수도 있어요. 귀찮기는 하지만 나중에 세탁하거나 정리하면 되잖아요.
- **침을 왜 흘리는지 꼭 확인하세요.** 침을 과도하게 흘리는 것은 치과 질환, 메스꺼움, 독소, 벌레 쏘임, 또는 폐색의 징후일 수 있으니 즉시 수의사의 진찰을 받아야 합니다. 특히 식욕과 섭식 행동을 잘 지켜보세요.

장기적 대응 방법

- **붙어 있는 시간을 즐기세요.** 담요나 쿠션을 가까이에 두고 고양이가 자리를 잡기 전에 무릎 위에 올리면 인간 바늘방석이 되는 걸 피할 수 있습니다.
- **반려묘가 집고양이라면** 발톱을 조심스럽게 다듬어도 됩니다(외출하는 고양이는 발톱이 필요해요).
- **티슈를 늘 가까이에 두면** 침방울을 닦기 수월합니다.

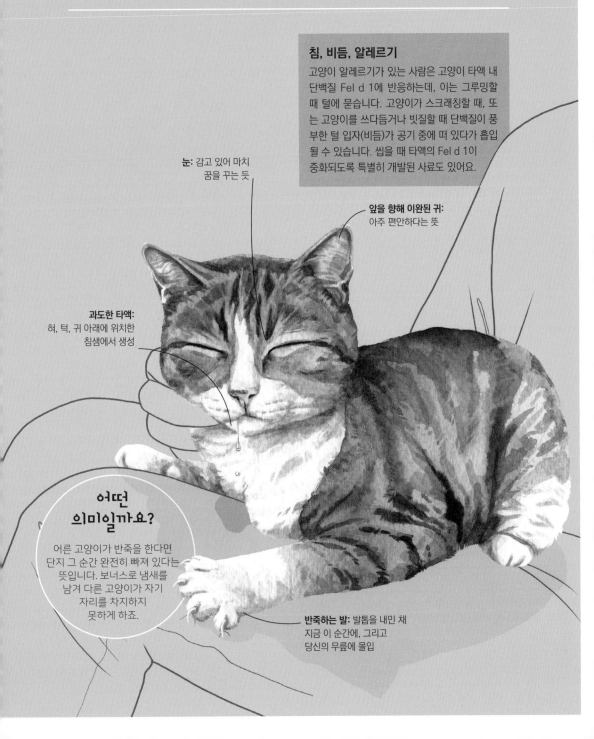

침, 비듬, 알레르기
고양이 알레르기가 있는 사람은 고양이 타액 내 단백질 Fel d 1에 반응하는데, 이는 그루밍할 때 털에 묻습니다. 고양이가 스크래칭할 때, 또는 고양이를 쓰다듬거나 빗질할 때 단백질이 풍부한 털 입자(비듬)가 공기 중에 떠 있다가 흡입될 수 있습니다. 씹을 때 타액의 Fel d 1이 중화되도록 특별히 개발된 사료도 있어요.

눈: 감고 있어 마치 꿈을 꾸는 듯

앞을 향해 이완된 귀: 아주 편안하다는 뜻

과도한 타액: 혀, 턱, 귀 아래에 위치한 침샘에서 생성

어떤 의미일까요?
어른 고양이가 반죽을 한다면 단지 그 순간 완전히 빠져 있다는 뜻입니다. 보너스로 냄새를 남겨 다른 고양이가 자기 자리를 차지하지 못하게 하죠.

반죽하는 발: 발톱을 내민 채 지금 이 순간에, 그리고 당신의 무릎에 몰입

우리 고양이는 제가 더러운가 봐요

가끔 우리 고양이는 우리의 관계를 전혀 새로운 차원으로 이끌고
제 머리카락과 피부를 핥기 시작합니다. 애정 표현일까요, 아니면
제가 청결을 유지하는 데 도움이 필요하다고 생각하는 걸까요?

왜 이러는 걸까요?

이러한 행동은 고양이가 자신의 사회 집단
에서 당신을 신뢰할 만한 일원으로 확신하
며 집단 냄새를 공유함으로써(14~15쪽 참조)
당신과의 관계와 유대를 강화하고 싶다는
신호일 가능성이 큽니다. 그렇다면 당신이
호의에 보답하기를 기대하고 있을까요?
다행히도 쓰다듬기면 충분할 겁니다.

고양이가 가시 돋친 혀로 핥으면 불쾌
할(그리고 심지어 고통스러울) 수 있지만, 고
양이의 혀가 먹잇감의 뼈에서 살을 발라내
도록 만들어졌다는 점을 생각하면 놀라운
일이 아닙니다. 위안이 될지는 모르겠지만
이러한 몸짓은 고양이의 온화하고 평화를
유지하려는 측면에서 비롯되며, 핥는 법은

평화 유지하기

상호 그루밍, 즉 '알로그루밍'은 다른 종에서도
보이듯이 동일 사회 집단에 속한 고양이들 간의
불안과 긴장을 완화하는 데 도움이 될 수 있습
니다. 고양이가 서로 사이가 좋다는 신호로 잘
못 이해되는 경우가 많지만, 모든 친구와 가족
관계에서 그렇듯이 항상 의견이 일치하는 것은
아니며 불화를 진정시키고 본격적인 싸움을 피
하기 위해 서로 핥기도 합니다.

새끼고양이였을 때 어미에게 배웠을 것입
니다.

어떻게 해야 할까요?

즉각적 대응 방법

- **그게 좋다면** 가만히 있으세요. 해롭지
  않고 유대감이 높아지니까요.
- **그게 싫더라도** 고양이를 야단치거나 겁
  주지 마세요. 신뢰 관계가 깨질 수 있으
  니까요.
- **유발 요인이 있는지** 확인하세요. 고양이
  가 당신에게 미용술을 실시하기 직전에
  무슨 일이 있었나요?

장기적 대응 방법

- **주의를 돌리세요.** 고양이가 당신을 씻길
  준비가 되었다는 조기 경보 신호를 감지
  할 때마다 놀이 같은 신나는 대안 활동
  을 마련하세요.
- **시간과 장소는 괜찮은데** 신경을 건드리
  는 혀가 문제라면 쓰다듬기를 시작하세
  요. 냄새샘이 많이 있는(14~15쪽 참조)
  머리를 집중적으로 쓰다듬어주면 당신
  의 냄새가 충분히 섞여 있다고 안심할
  것입니다.

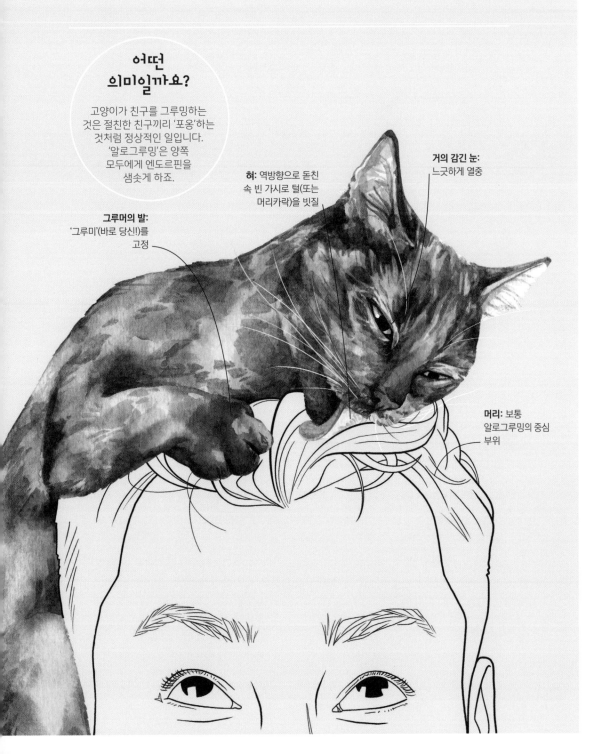

어떤 의미일까요?

고양이가 친구를 그루밍하는 것은 절친한 친구끼리 '포옹'하는 것처럼 정상적인 일입니다. '알로그루밍'은 양쪽 모두에게 엔도르핀을 샘솟게 하죠.

혀: 역방향으로 돋친 속 빈 가시로 털(또는 머리카락)을 빗질

거의 감긴 눈: 느긋하게 열중

그루머의 발: '그루미'(바로 당신!)를 고정

머리: 보통 알로그루밍의 중심 부위

우리 고양이는 저를 노려봐요

저는 고양이가 눈싸움을 걸어오면 도전을 즐기지만,
항상 먼저 눈을 깜빡이고 맙니다. 뭔가 중요한 말을 하려는 것 같기도 한데
어떻게 알 수 있을까요?

왜 이러는 걸까요?

고양이는 야생 본능에 이끌려 끊임없이 주변을 시각적으로 지각하고 호기심을 발동합니다. 쥐구멍을 몇 시간씩 응시하는 일도 예사죠. 또 경쟁자와 교착 상태에 있을 때는 으르렁거리거나 울부짖으면서 사나운 눈초리로 노려봅니다. 둘 중 하나가 물러나거나 싸움이 벌어질 때까지는 눈치 싸움인 거죠.

인간 역시 상대가 눈을 깜빡이지 않고 오랫동안 정면으로 응시하는 것을 조금 불안하게 여기도록 프로그램되어 있습니다. 고양이는 생각보다 우리의 보디랭귀지를 훨씬 더 잘 읽어내기 때문에 이것이 인간의 신경을 곤두세운다는 것을 감지할 수 있겠죠. 우리를 오래 응시하면 주의를 끈다는 것을 과거의 경험에서 배웠을 것입니다.

여러 가지 면에서 당신 고양이 세계의 중심은 바로 당신입니다. 당신이 음식, 물, 쉼터, 화장실, 건강 관리, 오락, 그리고 고양이에게 주는 관심을 좌지우지하니까요. 아마도 당신 고양이는 자신의 욕구가 어떻게든 충족되지 않는다고 느끼거나 아니면 단지 당신이 무엇을 하는지, 왜 자신과 함께하지 않는지 궁금해하는 것일 수 있습니다.

어떻게 해야 할까요?

즉각적 대응 방법

- **당신이 어디에 있고 무슨 일이 일어나는지 주목하세요.** 고양이가 왜 당신을 노려보는지 단서가 될 수 있습니다.
- **보디랭귀지를 읽으세요.** 겁에 질려 숨어 있거나 동요하거나 화내거나 놀이/포식자 모드에 돌입할 준비를 하고 있다면 빤히 쳐다보지 말고 자리를 피해주세요.
- **스트레스나 건강 문제의 징후**(164~165쪽 참조)가 있는지 확인하세요.
- **불필요한 음식을 바란다고 생각되면** 시선을 피하고 놀이(182~183쪽 참조) 등으로 주의를 돌리세요.
- **고양이가 갈구하는 것이 애정이라면** 쓰다듬는 시간을 최대한 활용하세요.

장기적 대응 방법

- **불만이나 스트레스를 줄여주세요.** 일과와 체계를 제공하되 변화와 통제도 어느 정도 허용해주세요.
- **음식을 얻으려는 행동이라면** 고양이에게 무엇을 어떻게 언제 먹이는지 재검토하여 요구에 더 잘 맞춰줄 수 있을지 생각해보세요.

어떤 의미일까요?

고양이가 노려보는 것은 포식자나 경쟁자로부터 부상 등의 위험을 피하려는 생존 본능이며, 매복하다가 덮치는 사냥 본능의 핵심적인 과정입니다.

팅기는 꼬리: 바라는 것을 얻지 못해 다소 불만

집중하는 눈길: 온전히 당신에게

만족스럽게 가르랑거리기: 긍정적인 반응을 얻는 검증된 방법

> 고양이는 눈을 깜빡이지 않고 사람보다 더 오래 버틸 수 있으므로 당신이 눈싸움에서 이길 가능성은 희박합니다.

우리 고양이는 제게 박치기를 해요

우리 고양이는 제가 TV 보려고 자리를 잡을 때마다 트레이드마크인 박치기로
성가시게 해요. 한번은 소파에 앉아 있는데 너무 세게 해서 하마터면
뜨거운 커피를 쏟을 뻔했다니까요!

왜 이러는 걸까요?

고양이가 당신과 교감하려고 하는 것은 자
명하지만, 왜 머리를 그토록 세게 밀어붙
일까요? '번팅'이라고도 불리는 이 행동은
사자처럼 큰 고양잇과 동물도 서로의 유대
감을 확인하기 위해 사용하는 친근한 몸짓
입니다. 고양이의 경우 아마도 처음에는
미묘하고 귀엽고 부드러운 머리 문지르기
였는데 시간이 지나면서 열성적인 박치기
로 변했을 것입니다. 보통 시끄러운 가르랑
소리와 세트를 이루며 '운이 좋다면' 또 다
른 애정 어린 몸짓, 예컨대 침 흘리기, 핥기,
눈 깜빡이기(74~75, 76~77, 86~87쪽 참조)
가 동반되죠. 당신의 고양이는 이렇게 하
면 목과 머리에 훌륭한 마사지를 받을 수
있다고 어느 순간에 배운 것이죠.

박치기 혹은 두통?

고양이는 고양이보다 사람에게 더 열정적으
로 박치기를 하는 것 같습니다. 자신이 바라
는 방식으로 반응하지 않기 때문에 더 강력
하게 소통하려는 것일 수 있어요. 마치 우리
가 말을 듣지 않는 상대에게 목청을 높이는
것처럼요.

어떻게 해야 할까요?

즉각적 대응 방법

- **박치기를 부추기고 싶다면** 같이 박치기
  하세요. 단, 뜨거운 음료를 들고 있을 때
  는 아니겠죠.
- **박치기를 받아줄 상황이 아니라면**, 고양
  이가 바라는 것을 내주지 말고 멈추게
  하세요. 필요하면 자리를 피하고 무시하
  세요.

장기적 대응 방법

- **박치기할 기회를 주세요.** 털을 손질하는
  도중이나 놀아주는 시간 사이 등이 당신
  이 박치기를 받아주기 좋은 시간이에요.
- **쉬려고 앉기 전에** 활동적인 게임을 하여
  억눌린 에너지를 발산하도록 만드세요.
  아니면 캣닙 장난감이나 퍼즐 피더(138~
  139쪽 참조) 같은 자발적인 활동에 집중
  하게 하는 것도 좋습니다.
- **애정을 더 차분하게 표현하는** 것이 좋다
  고 가르쳐주세요. 머리를 박는 것보다
  턱과 뺨을 이용해서 힘을 빼고 차분하게
  문지르도록 유도하세요.

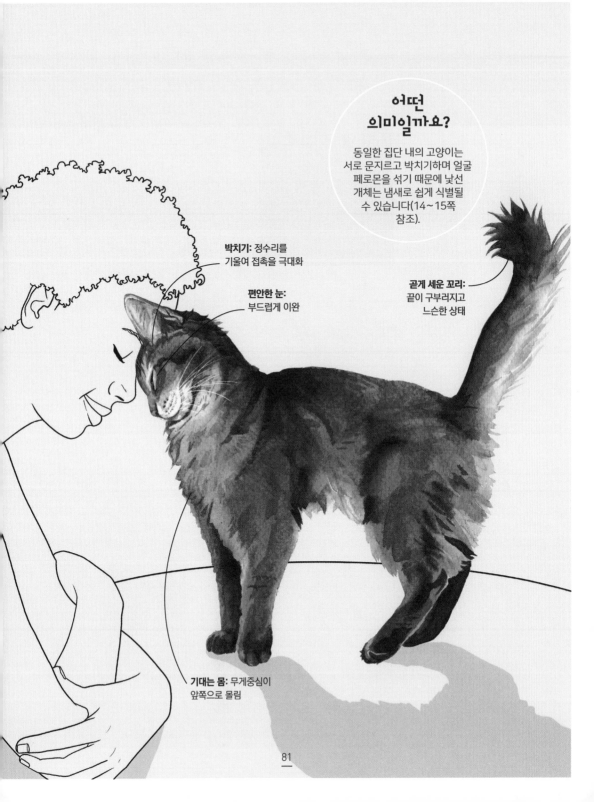

동일한 집단 내의 고양이는 서로 문지르고 박치기하며 얼굴 페로몬을 섞기 때문에 낯선 개체는 냄새로 쉽게 식별될 수 있습니다(14~15쪽 참조).

어떤 의미일까요?

박치기: 정수리를 기울여 접촉을 극대화

편안한 눈: 부드럽게 이완

곧게 세운 꼬리: 끝이 구부러지고 느슨한 상태

기대는 몸: 무게중심이 앞쪽으로 몰림

고양이 관찰 고급편

행복한 고양이의 신호

반려묘는 인간과 함께 지내며 생각보다 많은 것을 포기하고 삽니다.
우리는 반려묘의 인내심을 의도치 않게 한계까지 밀어붙일 수 있습니다.
우리는 모두 고양이 '행복'의 수호자이기 때문에 고양이에게 훈훈하고
만족스러운 순간이 많아질수록 우리는 더 나은 인간이 됩니다.

건강한 마음

앞을 향한 귀와 동공이 작고 밝은 눈은
긍정적인 기분(12~13쪽 참조)을 나타냅니다.
발과 배를 하늘로 뻗고 누운 느긋한 자세도
좋은 신호입니다. 꼬리를 곧게 세우고
가르랑, 쩍쩍, 야옹 소리를 작게 내며
인사하는 것도 기분이 무척 좋다는
뜻이죠(52~53쪽 참조).

건강한 몸

윤기 나는 단정한 피모, 날카로운 발톱, 밝은 눈, 그리고
깨끗한 엉덩이는 모두 건강하다는 신호입니다. 안정적인
체중, 호리호리한 몸매, 왕성한 식욕은 들어오는 것과 나가는
것, 그리고 활동 수준 사이의 균형이 잘 잡혀 있다는 뜻이죠.
건강, 체력, 그리고 통증과 질병이 없는 상태(146~147,
164~165쪽 참조)는 모두 '행복' 상자의 체크 표시입니다.
고양이를 잘 이해하는 수의사에게 적절한 진료를 받을 수
있다면 더 행복해질 거예요(152~153쪽 참조).

애정 느끼기

모든 고양이는 자신의 방식으로 애정을 주고받을 기회가 필요합니다. 많은 고양이가 헌신적으로 무릎을 데우거나 흉부를 꾹꾹 누르고, 정강이를 문지르거나 박치기를 하기도 하며, 일부는 품에 뛰어들어 가르랑거립니다. 대부분 고양이 친구가 있고 심지어는 개 친구를 사귀기도 하죠. 모두 사랑과 행복의 표현입니다.

야생성 추구

고양이는 내면에 있는 살쾡이의 북에 장단을 맞춰 행진할 때 가장 행복합니다. 탐색하기, 문제 해결하기, 기어오르기, 뛰어오르기는 모두 자극과 만족을 맛보게 하고, 흩날리는 낙엽, 장난감, 먹잇감(쥐!)은 긍정적인 흥분 상태를 안겨주죠. 정원이나 캐티오, 또는 창턱에서 맞이하는 신선한 공기와 햇볕은 언제나 대환영이에요.

자기만의 공간

안락함을 추구하고, 하고 싶은 일을 할 시간과 공간을 바라는 것은 게으름이 아닙니다. 휴식은 중요한 재충전 시간이니까요. 눈을 반쯤 감고 배를 훤히 드러낸 채 일광욕을 하고, 배불리 먹은 후 그루밍에 돌입하고, 어디가 끝인지 모를 정도로 아주 동그랗게 몸을 말고 있는 것은 모두 만족감의 전형적인 표시입니다.

우리 고양이는 노트북 위에 드러누워요

우리 고양이는 제가 책을 읽거나 일할 때마다 저와 소중한 시간을 보내고
싶어 해요. 발로 글을 삭제하는 건 예사고 쓰다 만 이메일까지 보냈다니까요.
저와 제 일 사이에 늘 비집고 들어와 있답니다.

왜 이러는 걸까요?

고양이가 눈높이까지 뛰어올라 접근하고
시야를 가리고 활동을 방해하는 것은 관심
을 끌기 위한 행동입니다. 요구가 많은 것
이 아니라 소통이 필요하다고 정성껏 상기
시키는 것일 뿐이에요. 턱 아래를 어루만
져달라거나 안아달라거나 신나게 놀아달
라는 거죠. 이는 때때로 음성으로 요구하
기(야옹거리기), 발길질하기, 책상 위의 물
건 떨어뜨리기 등으로 번질 수 있고, 정말
로 불만스럽다면 물어버리는 수도 있습니
다. 이는 반려묘가 '나쁜' 고양이이거나 당
신이 '나쁜' 사람이어서가 아니라, 단지 당
신이 일에 너무 몰두한 나머지 반려묘와
어울리는 것을 간과했다는 뜻입니다.

어떤 의미일까요?

당신 가까이에 있고 싶은 단순한
욕망을 품는 데 그치지 않고,
타고난 호기심으로 당신의
주의를 빼앗는 것이
무엇인지 파헤칠
작정인 거죠.

**만족스러운
가르랑 소리:**
우주에서도
들릴 지경

고정된 눈:
정신이 딴 데
팔린 당신의
얼굴을 응시

고양이가 전자기기를 좋아하는 이유

동물의 행동은 기기에서 나오는 전자기장의
영향을 받는다는 증거가 있어요. 기기의 발
열이 주변에서 따뜻한 것을 찾는 고양이를
끌어들이는 거죠. 또 화면의 매혹적인 소리,
빛, 움직이는 커서도 한몫하는 것으로 보입
니다.

어떻게 해야 할까요?

즉각적 대응 방법

- **쌀쌀맞게 들릴 수 있지만**, 이럴 때에는 고양이의 매력을 무시하세요. 일을 끝마칠 계획이라면 측은한 고양이의 눈길이나 관심을 끄는 발길질에 굴복하지 말아야 합니다.

- **무엇이 필요한지 확인하세요.** 자극과 운동이 부족한 것 같나요? 장난감이나 퍼즐(138~139쪽 참조)에 빠지게 하세요.

장기적 대응 방법

- **타협을 꾀하세요.** 고양이와 함께 있되 당신이나 책상 위에는 올라오지 못하게 하세요.

- **당신 옆에 안식처를 마련해주세요.** 고양이가 홀딱 반할 만한 아지트를요. 높은 선반, 창턱, 또는 캣 타워에 고양이가 쓰던 담요나 당신의 낡은 점퍼를 깔아서 아늑하게 만들어주세요. 거기서는 당신이 무얼 하는지 다 볼 수 있겠죠. 창문과 온열 패드로 노트북의 화면과 따뜻함을 모방해도 거부할 수 없을 겁니다. 약간의 간식과 급수대로 쐐기를 박으세요.

털썩 주저앉은 몸:
전열을 흡수

쭉 뻗은 발:
당신의 관심을 끌기
위한 시도

우리 고양이는 제게 추파를 던져요

우리 고양이가 눈을 깜빡이며 저와 소통하려는 게 분명해요. 한쪽 눈만 깜박일 때도 있지만 대부분 양쪽 눈으로요. '고양이 윙크'라고 불린다는데, 저를 사랑한다는 뜻인가요?

왜 이러는 걸까요?

고양이가 당신을 그윽한 눈으로 바라보며 천천히 반쯤 깜빡거리다가 눈을 가늘게 뜨거나 감고 있다면, 아마도 당신은 방금 고양이에게 인정받은 것입니다. 이 '고양이 윙크'는 인간 미소의 고양이 버전에 비유됩니다. 고양이는 우리의 감정적 신호를 이해하는 것 같아요. 우리의 눈이 정말로 웃을 때처럼 반달 모양으로 가늘어지면 기분이 좋은 신호라는 것을 알아냈을 것입니다. 아니면 우리를 신뢰할 때는, 평소 극도로 경계하며 노려보는 눈(78~79쪽 참조)을 그만 쉬게 할 만큼 긴장을 내려놓는 것일지도 모르죠.

고양이끼리 눈 깜빡이기

우리에게만 윙크를 하는 것이 아니라 고양이끼리도 눈을 깜빡이지만, 보통 이 행동은 목적이 매우 다릅니다. 경쟁자 고양이를 마주쳤을 때 눈을 천천히 깜빡이는 것은 무관심한 척하며 전면적인 육탄전에 흥미가 없음을 보여주는 반면, 빤히 쳐다보는 것은 대치하는 가운데 적을 위협하는 것이죠.

어떻게 해야 할까요?

즉각적 대응 방법

- **똑같이 해보세요.** 눈을 천천히 깜빡이는 것은 양방향으로 작용하므로 고양이가 이러한 행동을 보이면 꼭 교감해보세요.
- **얼굴의 긴장을 풀고** 위협적으로 보일 수 있으니 눈을 직접 쳐다보지 마세요.
- **통증이나 감염이 있는지 확인하세요.** 눈을 깜빡이지 않고 반쯤 감고 있다면 통증이 있을 수 있습니다(146~147쪽 참조). 한쪽 눈을 감고 있거나, 깜빡거리면서 충혈, 눈물 고임, 끈적한 분비물이나 감기 또는 독감 증상이 동반된다면 수의사를 찾으세요. 안과 질환을 제때 치료하지 않으면 빠르게 악화될 수 있습니다.

장기적 대응 방법

- **일상적인 소통에** 간접적으로 눈을 맞추며 천천히 깜빡이는 윙크를 추가하여 고양이와 더 많이 친해지세요.
- **고양이의 방식대로 눈을 맞추세요.** 고양이가 두려움(눈 깜빡임이 빨라진다), 좌절이나 화(102~103쪽 참조)를 내비치거나 놀이 또는 포식자 모드에 있는 것이 아니라면 말이죠.

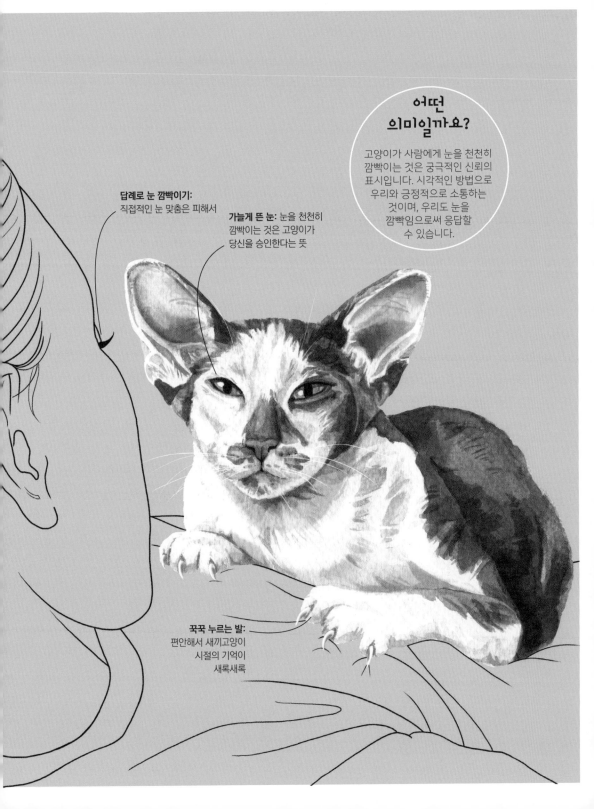

**어떤
의미일까요?**

고양이가 사람에게 눈을 천천히 깜빡이는 것은 궁극적인 신뢰의 표시입니다. 시각적인 방법으로 우리와 긍정적으로 소통하는 것이며, 우리도 눈을 깜빡임으로써 응답할 수 있습니다.

답례로 눈 깜빡이기:
직접적인 눈 맞춤은 피해서

가늘게 뜬 눈: 눈을 천천히 깜빡이는 것은 고양이가 당신을 승인한다는 뜻

꾹꾹 누르는 발:
편안해서 새끼고양이 시절의 기억이 새록새록

우리 고양이가 저의 새 파트너를 싫어해요

고양이가 저의 새 파트너를 싫어하는 것 같아서 걱정이에요. 그가 나타나면 우리를 피하거나 쉭쉭거리거든요. 관계를 끝내야 할까요? (고양이가 아니라 파트너를요!)

어떤 의미일까요?

영역을 가진 포식 동물인 고양이는 미지의 생명체를 경계하고 친숙한 냄새로 친구를 식별합니다. 새로운 파트너는 여러 측면에서 이러한 본능에 도전장을 내밀게 된 거죠.

왜 이러는 걸까요?

고양이가 거부하는 것은 꼭 수상한 인물이어서가 아닙니다. 그저 자신의 영역에 새로운 사람이 있으면 큰일인 거죠. 고양이는 변화를 싫어하는 예민한 존재인데, 새 사람이 등장하면 필연적으로 일과가 바뀌게 됩니다. 당신이 외출하거나 더 머무를 수 있고, 아니면 신참이 '냄새 나는' 소지품과 함께 밤을 보낼 수도 있으니까요. 고양이에게 승인을 받으려면 당신의 파트너가 고양이와 친해지려는 의지를 보여야 합니다. 그리고 기꺼이 긴 게임에 참여해야 하죠. 이는 부적합한 구혼자를 걸러내는 데 도움이 될 겁니다.

> ❝
> 말썽쟁이나 심술쟁이 취급하지 마세요. 혼란스럽고 걱정스러워 그러는 거예요. 질투심이 폭발해서, 혹은 그가 잘못되길 바라서 하는 행동은 아닌 것 같아요.
> ❞

어떻게 해야 할까요?
즉각적 대응 방법

- **소통을 강요하지 말고** 파트너에게 고양이를 붙잡지 못하게 하세요. 이상적으로는 신체 접촉과 눈 맞춤을 피해야 합니다. 그렇지 않으면 위협적으로 보이고 공포의 대상으로 낙인찍힐 테니까요.
- **너무 애쓰지 마세요.** 파트너에게 방 반대편에 조용히 앉아 부드러운 어조로 말하고 갑작스럽게 소음을 내거나 큰 동작을 삼가라고 제안하세요.
- **고양이에게 시간을 주세요.** 신뢰를 얻으려면 인내와 끈기가 필요합니다.
- **냄새를 교환하세요**(14~15쪽 참조). 고양이에게 당신의 파트너와 소지품을 냄새 맡고 조사하도록 하세요. 그러면서 새로운 냄새에도 사람에게도 익숙해질 테니까요.

장기적 대응 방법

• **당신의 파트너에 빠져들게 만들어 고양이가 불안을 극복하도록 도와주세요.** 파트너를 고양이의 개인 요리사, 간식 제공자, 게임 진행자로 훈련시키세요. 꺼린다면 '차버릴' 때일 수도 있습니다.

성별에 따른 반응

고양이가 우리의 고유한 냄새에서 감지하는 호르몬의 변화는 우리에 대한 반응에 영향을 미칠 수 있습니다. 예를 들어 어떤 고양이는 임신부와 수유하는 여성에게 긍정적으로 반응하죠. 한쪽 성별에 대해 경험이 없거나 나쁜 경험만 있다면 그들 주위에서 더 불안해할 수 있어요(18~19쪽 참조). 남성은 대개 여성보다 목소리가 굵고 큰 데다 손발도 커서 소심한 고양이를 겁먹게 할 수 있습니다.

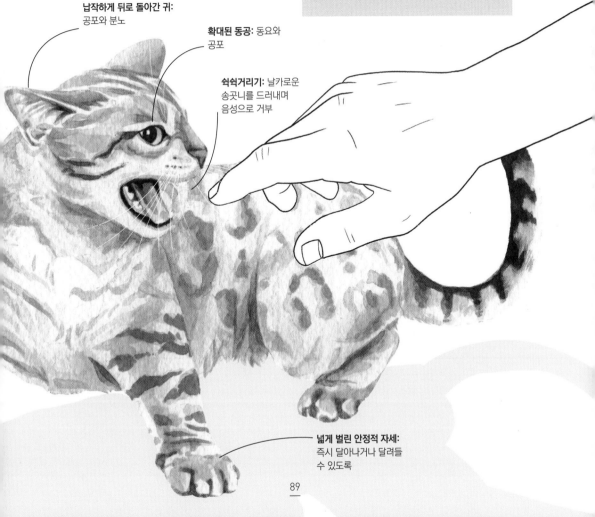

납작하게 뒤로 돌아간 귀: 공포와 분노

확대된 동공: 동요와 공포

쉭쉭거리기: 날카로운 송곳니를 드러내며 음성으로 거부

넓게 벌린 안정적 자세: 즉시 달아나거나 달려들 수 있도록

서바이벌 가이드

휴가철 고양이 돌보기

집을 떠나 있으면 고양이가 안전하고 건강하고 잘 맡겨져 있다는 확신이 서야 안심이 됩니다. 또 돌봐주는 사람과 편안하고 행복하게 있는지 알고 싶어집니다.

1
집이 최고

당신이 집을 떠나 있는 동안 고양이가 있을 최고의 장소는 모든 것이 갖추어진 당신의 집입니다. 변화, 케이지, 자동차, 고양이 호텔의 낯선 고양이는 모두 스트레스와 바이러스에 잠재적으로 노출돼 있는 겁니다. 고양이는 자신의 영역에 있을 때 가장 안전하고 행복한 법이죠.

2
캣시터의 기준

고양이를 잘 다루는 펫시터를 찾으세요. 인증을 받았는지, 보험에 가입되어 있는지, 범죄경력회보서를 제출했는지, 고양이 응급처치 교육을 받았는지 확인하세요. 좋은 캣시터라면 당신과 고양이를 사전에 만나보려고 할 것입니다. 리뷰를 확인하되 결정은 고양이에게 맡기세요.

3
준비하기

평소 먹는 음식, 간식, 모래, 그리고 약을 모두 비축하세요. 응급 상황에 당신과 수의사가 연락을 받을 수 있도록 하고요. 식이 불내성, 습관, 좋아하는 은신처 등 고양이의 모든 특이 사항을 캣시터에게 알려주세요.

4
규칙성 있게

난방과 조명이 평상시처럼 켜지고 꺼지도록 설정하세요. 캣시터에게 하루에 최소 두 번은 방문하고 식사, 놀이, 칭찬, 털 손질, 그리고 리터 박스 청소를 가능한 한 평소의 일정대로 하도록 요청하세요.

5
스마트 홈

시간 설정 급식 장치, 자동 캣 플랩, 자동 세척식 리터 박스, 카메라 등 스마트폰에 연결되는 기기가 있으면 안심할 수 있습니다. 그러나 일상적인 인간의 보살핌을 결코 대신할 수는 없습니다.

우리 고양이는 저를 헷갈리게 해요

우리 고양이는 마치 지킬과 하이드처럼 배를 문지르라고 돌아누웠다가
무섭게 돌변해서 이빨과 발톱으로 저를 공격해요.

왜 이러는 걸까요?

편안해 보이는 고양이가 요염하게 구르며 배를 드러내면 쓰다듬어달라는 것으로 오해하기 쉬워요. 하지만 이 행동에는 "위험! 스스로 책임을 감수하시오!"라는 경고가 따릅니다. "나는 꽤 느긋하고 내 가장 취약한 부위를 드러낼 만큼 너를 믿는다"라고 고양이의 방식으로 말하는 것일 뿐, 결코 만지라고 허락하는 것은 아니죠. 어떤 고양이는 이런 상황에서 쓰다듬는 것을 참을 수 있고 일부는 심지어 즐기는 것처럼 보이지만, 대부분은 방어 모드에 돌입할 것

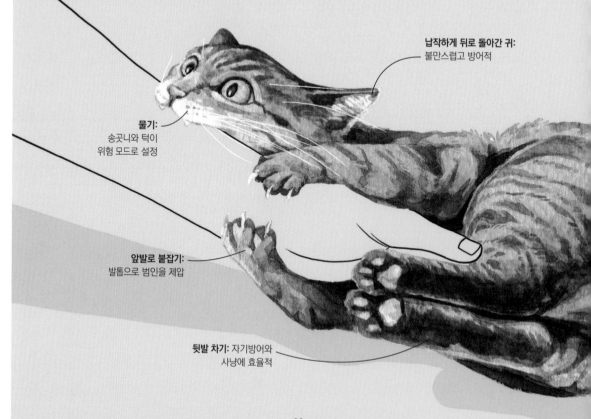

납작하게 뒤로 돌아간 귀:
불만스럽고 방어적

물기:
송곳니와 턱이
위험 모드로 설정

앞발로 붙잡기:
발톱으로 범인을 제압

뒷발 차기: 자기방어와
사냥에 효율적

입니다. 당신이 거기서 손을 채 떼기도 전에 말이죠. 고양이와 성의껏 소통할 때 핵심은 항상 고양이가 먼저 신체 접촉을 하도록 하는 것입니다. 사전 경고가 없었다고 투덜거려봤자 소용없어요!

어떻게 해야 할까요?

즉각적 대응 방법

- **꼼짝 말고 조용히 있으세요**(94~95쪽 참조). 가능한 한 빨리 자리를 피하고 고양이가 흥분해 있는 동안은 건드리지 마세요.
- **단정짓지 마세요.** 이러한 행동이 놀이에서 촉발된 것이라 생각하고 그것을 게임으로 만들고 싶은 충동을 참으세요. 당신은 괜찮다는 신호를 줄 테니까요. 놀이

시간의 공격성은 장난감일 때 좋은 것이지 인간을 겨냥해서는 안 됩니다.

장기적 대응 방법

- **하지 마세요!** 과욕을 부려 무장 방어 기제에 도발하지 마세요.
- **신뢰를 얻어야 하므로** 고양이의 신호에 주의를 기울이고 고양이가 바라는 것을 존중하세요. 배를 훤히 드러내기까지는 긴 시간이 걸리는 법입니다.
- **어루만지기에 적절한 시간과 장소가** 따로 있습니다. 쓰다듬기에 더 적절한 상황을 선택하고 고양이가 기꺼이 내어줄 수 있는 '그린 라이트' 신체 부위(52~53쪽 참조)를 고수하세요.

고양이의 중요한 기관:
생식기와 서혜부 및 복부의 대동맥을 '무장' 반응으로 방어

어떤 의미일까요?

고양이는 인사할 때, 또는 냄새를 맡거나 스트레칭을 할 때 몸 전체를 구르고 문지를 수 있습니다. 배를 드러내는 것은 싸울 기분이 아니라는 신호이자 신뢰의 표시입니다.

우리 고양이는 제 발목을 공격해요

우리 '계단 깡패'는 앉아서 기다리다가 제가 지나가면 발목을 잽싸게 공격합니다. 때로는 계단을 올라갈 때 추격하기도 해요.

왜 이러는 걸까요?

고양이는 정상적인 본능에 이끌려 움직이는 먹잇감을 몰래 뒤쫓다가 덮칩니다. 이때 문제는 당신이 어수룩한 표적이라는 점이에요. 고양이의 눈은 생물학적으로 움직임을 포착하도록 프로그램되어 있습니다. 이는 이불 밑에서 또는 계단을 지날 때 발을 즐겨 덮치는 이유이기도 합니다.

흔히 새끼고양이는 이러한 유형의 '먹잇감'이 동네북이라는 것을 인간에게서 배웁니다. 어릴 때는 귀엽지만 이빨과 발톱이 다 자라고 나면 그렇지도 않죠. 고양이가 당신의 반응으로부터 '보상'을 얻거나 아드레날린이 솟구치면 그 행동을 영구화하며 관심을 끌기 위한 술책으로 삼을 위험이 있습니다. 자극이 거의 없는 날에 불만이 더해지면 퍼펙트 스톰이 되어 당신의 손이나 발목을 노립니다.

어떻게 해야 할까요?

즉각적 대응 방법

- **침착하게 가만히 있으세요.** 소리를 지르거나 빠져나가려고 하거나 도망치면 실제 먹잇감을 흉내 내고 있는 겁니다. 이는 고양이에게 커다란 즐거움이라서 곧장 추격하거나 물고 말 것입니다.

- **최대한 빨리** 그 상황과 고양이에게서 벗어나세요.

- **피부가 찢어졌다면** 잘 소독하고 긁히거나 물린 곳이 깊으면 진찰을 받으세요.

- **공격당한 타이밍과 상황을** 주목하세요. 당신이 새로운 냄새를 풍기며 귀가했나요? 다른 고양이와 갈등은 없었나요?

장기적 대응 방법

- **놀이 시간을 마련하여** 야생성과 울분을 안전하게 발산하도록 도와주세요. 당신을 '먹잇감'이라 생각하지 않도록 낚싯대와 레이저 장난감을 이용하세요.

- **퍼즐과 스스로 노는 장난감**(46~47, 138~139, 182~183쪽 참조)으로 혼자 노는 재미를 선사하세요. 가능하다면 외출을 허용하세요(64~65쪽 참조).

- **'공격적'이라는 잘못된 꼬리표를 붙이지** 마세요. 정상적인 행동일 테지만 대상이 잘못 향해진 겁니다. 다만 모든 일이 바람직한 방향으로 흘러가지 않는다는 잠재적 위험 신호일 수 있습니다.

- **염려스럽다면 수의사에게** 연락하세요. 포식 놀이의 차원을 벗어났다면 통증이나 질병의 신호일 수 있으며, 확인과 위탁이 필요해지기도 합니다.

> 고함치거나 쫓는 것은
> 도움이 되기는커녕 이미 복잡해진
> 감정 상태에 공포감을
> 더할 뿐입니다.

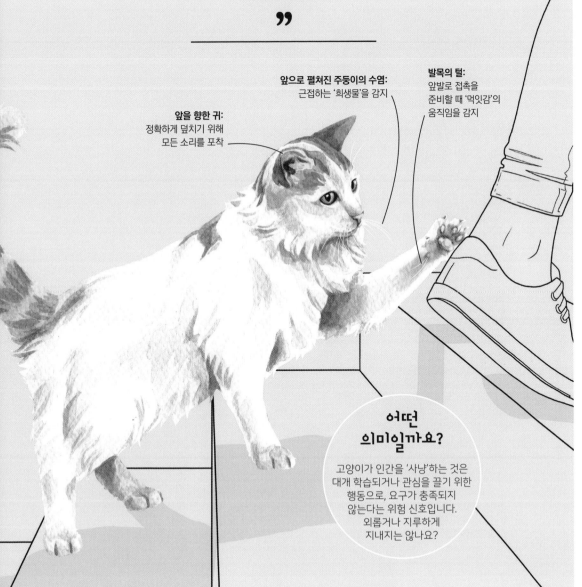

앞으로 펼쳐진 주둥이의 수염:
근접하는 '희생물'을 감지

발목의 털:
앞발로 접촉을
준비할 때 '먹잇감'의
움직임을 감지

앞을 향한 귀:
정확하게 덮치기 위해
모든 소리를 포착

어떤 의미일까요?

고양이가 인간을 '사냥'하는 것은
대개 학습되거나 관심을 끌기 위한
행동으로, 요구가 충족되지
않는다는 위험 신호입니다.
외롭거나 지루하게
지내지는 않나요?

서바이벌 가이드

아이들 주변의 고양이

아이들과 고양이 간의 상호작용을 항상 지켜보세요. 그래야 아이들에게 고양이의 신뢰를 안전하게 얻는 방법과 고양이가 무엇을 불편해하는지 알아채는 방법을 가르칠 수 있습니다.

1

현명하게 선택하기

정신없고 시끄러운 가정에서는 소심하거나 수줍어하는 고양이보다는 차분하고, 사회적이고, 장난기 많고, 겁이 적은 고양이가 더 잘 지냅니다. 새끼고양이나 고양이를 입양하기 전에 과거 아이들과 지낸 경험이 있는지 물어보세요.

2

관찰하고 지도하기

아이들의 행동과 고양이의 보디랭귀지를 주의 깊게 살펴보는 것이 중요합니다. 고양이가 달려든다면 불안을 나타내는 초기 징후(102~103쪽 참조)를 모두 놓쳤기 때문인 거죠.

3

존중을 표시하기

아이들에게 고양이의 행동과 공간을 존중하는 법, 소통하기 전에 당신에게 확인받는 법을 가르치세요. 손등으로 부드럽게 쓰다듬게 하고 움켜쥐거나 찌르거나 집거나 뒤쫓지 않게 하세요.

4

어린이 없는 구역 마련하기

고양이는 소음, 장난감의 예기치 않은 움직임, 어린이의 제멋대로인 관심을 좋아하지 않습니다. 정신없는 바닥에서 탈출할 수 있도록 높은 곳에 도피처를 마련하고, 조용한 '안전지대'(46~47쪽 참조)를 마련하여 방해받지 않고 쉬거나 용변을 보거나 물과 음식을 먹을 수 있도록 해주세요.

5

긍정적인 기억 만들기

아이들은 동물에게 먹이를 주는 것과 게임을 좋아하고, 고양이는 먹는 것과 노는 것을 좋아하므로 낚싯대, 비눗방울, 간식(182~183쪽 참조)으로 양립 가능성을 포용하세요. 마찬가지로 아이들을 재우며 동화를 읽어주고 포옹하는 시간은 고양이와 아이들에게 같은 방에 조용히 머무는 기회가 될 수 있습니다.

우리 고양이는 화장실까지 따라와요

저는 우리 고양이가 졸졸 따라오는 것을 좋아해요. 어디든 말이죠.
제가 화장실에 가면 고양이도 따라와서 무릎 위로 뛰어올라요.
바지 속에 들어앉을 때도 있다니까요! 안 궁금하다고요?

왜 이러는 걸까요?

고양이는 인간에게 얽매이지 않고 무관심하다는 평판(주로 '도그 피플' 사이에서)에도 불구하고 우리가 무엇을 하는지 매우 궁금해합니다. 욕실은 흐르는 물, 두루마리 휴지, 매끈한 변기와 세면대 같은 흥미로운 물건으로 가득하며, 당신이 바지를 내리면 따뜻한 피부와 당신 냄새가 나는 직물이 있죠. 고양이는 아마도 자기 냄새를 섞어서 유대감을 재확인하고 싶은 것 같습니다.

욕실은 아이들, 다른 반려동물, 또는 심술궂은 어른들의 혼돈에서 벗어날 피난처가 될 수 있습니다. 어쩌면 정신없는 세상과 손절하고 싶은 욕구를 공유하고 잠시 활동을 멈추려는 것일지도 모르죠. 물론 단지 닫힌 문밖에 있는 것을 싫어하는 고양이도 있습니다(118~119쪽 참조).

> **"**
> 욕실이 당신에게는 그리 매력적이지 않을 수 있지만, 고양이에게는 멋지고 차분하며 매력으로 가득한 곳일 수 있어요. 특히 당신까지 거기에 있다면요.
> **"**

어떻게 해야 할까요?

즉각적 대응 방법

- **선택하세요.** 고양이를 기꺼이 화장실에 들일 건가요 아니면 출입금지시킬 건가요?
- **당신이 부끄럽지 않다면** 안전한지 확인하세요. 욕조에 뜨거운 물을 받아놓지는 않았나요?
- **프라이버시가 중요하다면** 문밖에서 야 양대는 고양이 소리를 들어야 할 수도 있습니다.

장기적 대응 방법

- **화장실 출입 전후에** 놀이 시간을 잡으세요. 그러려면 낚싯대나 레이저 장난감을 쉽게 손 닿는 곳에 두어야 해요.
- **고양이는 영리하고** 매일 우리에게서 배웁니다(132~133쪽 참조). 이를 활용하여 앉거나 발을 올리거나 물건 물어오는 법을 가르치세요.
- **고양이 마사지 시간을 가지세요.** 시간을 들여 부드러운 피모를 손질하거나 마사지로 근심을 없애주세요.
- **고양이를 다독이고** 좋아하는 모든 부위를 쓰다듬어주세요.

어떤
의미일까요?

이것은 고양이에게 둘만의 저녁 식사에 해당하는 것 같습니다. 당신과 멋진 시간을 보내고 싶은 거죠. 당신이 영역을 표시하는 초대형 찻잔(변기)이 궁금해서가 아니라면요.

꼬리 세워 인사하기:
"무릎 담요 필요하세요?"

기대하는 시선:
당신이 스마트폰을 내려놓기를

크게 가르랑거리기:
무릎 위로 뛰어오를 기회를 노리며

우리 고양이는 귀여운 도둑이에요

우리 고양이는 양말, 인형, 고무줄, 심지어 행주까지 훔쳐가서 입에 물고 울부짖어요. 얘가 리트리버인가요, 아니면 아직도 자기가 새끼고양이라고 생각하는 건가요?

왜 이러는 걸까요?

고양이가 이것저것 물어오는 것이 전혀 맥락 없이 보일 수 있습니다. 아주 훌륭한 인간에게 주는 '감사 선물'은 아닐 것이고요. 더 그럴듯한 설명은 실제 먹잇감이 없을 때조차 타고난 사냥 본능을 달랠 수 있는 별난 방법이라는 것입니다. 장난감을 그날의 포획물로 삼아 좋아하는 자리에 숨길 수도 있겠죠. 마치 새끼고양이를 다루듯이 은닉물을 애지중지하며 옮겨 다니는 암컷 고양이도 있습니다.

물건이 은연중에 없어지거나 쓰던 중에 사라지거나 이상한 곳에 다시 나타나기 때문에 이러한 행동에 도둑질이라는 잘못된 꼬리표가 붙었을 것입니다. 그러나 사냥은 대부분 우리가 다른 일에 정신이 팔려 있거나 잠에 빠져 있을 황혼과 새벽 사이에 이루어지기 때문에 눈치채기 힘들 뿐입니다.

어떻게 해야 할까요?

즉각적 대응 방법

- **허락한다고 알리세요.** 너의 타고난 충동을 드러내도 괜찮다고 다독여주세요.
- **그런 행동을 막고 싶다면** 그냥 무시하세요. 당신의 속옷을 사람 많은 곳에 질질 끌고 가도 말이죠. 고양이로 태어난 게 죄는 아니니 질책하거나 벌주지 마세요.

장기적 대응 방법

- **사냥할 수 있는 장난감으로** 고양이의 장점을 살려주고 내면의 포식자를 이용하세요. 장난감은 선호하는 질감이나 냄새가 포함된 것이 가장 좋습니다.
- **그 행동의 대상을 대체 물품으로** 돌리세요. 예를 들어 캣닙을 넣은 헌 양말 한 짝을 기부하여 더 신나게 해주세요.
- **'훔칠' 기회를 줄이세요!** 더러운 속옷이나 양말 등 세탁물을 치워주세요.

> ### 음성 퍼포먼스는 왜?
> 독특하게 울부짖는 야옹 소리('우-와우')는 포획물을 알리는 겁니다(심봤다?). 1970년대까지 수천 년 동안 고양이의 가치는 사냥 기량에 달려 있었어요. 설치류를 죽였다고 음성으로 보고하면 아마도 보상으로 칭찬이나 맛있는 먹을거리를 보장받았을 것입니다.

어떤 의미일까요?

고양이는 입으로 두 가지, 즉 새끼고양이와 먹잇감을 옮기도록 프로그램되어 있습니다. 당신의 양말은 아마도 안전한 핵심 영역으로 반입되고 있는 '사냥감'에 해당하겠죠.

"
당신의 작은 발칙한 털이범은 어스름 속에서, 또는 당신이 외출할 때나 깊은 잠에 빠졌을 때 작업에 나설 것입니다.
"

초롱초롱 빛나는 눈:
'사냥'의 수행과 흥분으로

꼭 다문 턱:
(포획물의) 발버둥을 방지

'우-와우':
독특하고 다소 억눌린 야옹 소리

'먹잇감':
보통 당신의 냄새가 모락모락

10
물리적 폭발
빤히 쳐다보기, (발톱을 드러내고) 찰싹 때리고 치기, 물기

9
발성
쉭쉭거리기, 으르렁거리기, 울부짖기

8
'강전된' 피모
곤두선 털, 피부 경련, '핼러윈' 고양이

7
꼬리
떨기, 흔들거리거나 내려치기, 부풀리기

6
귀(좌측)
뒤로 돌아간 '배트맨' 귀 +/- 휙휙 흔들기

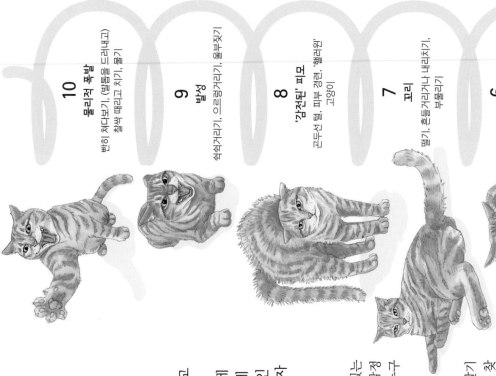

고양이 관찰 고급편

심술궂은 고양이의 신호

'공격적'이거나 '사이코'인 고양이는 물론이고 심지어는 '심술궂은 고양이'도 없습니다. 단지 위협을 느끼는 고양이일 뿐이죠. 공포에 사로잡혔을 때 우리는 모두 원초적인 본능에 따라 행동하며, 사납게 대드는 것은 부정적인 감정의 소용돌이 속에서 대처할 생존 전략이자 최후의 수단입니다.

고양이를 '심술궂게' 만들지 마세요

수의사는 공포 또는 통증을 느끼거나 질병이 있는 고양이를 억지로 만지려고 할 때 일촉즉발의 감정 혼합(30~31쪽 참조)이 촉발될 수 있다는 것을 누구보다 잘 알고 있습니다. 고양이가 곁에 걸려 있다는 신호(122~123쪽 참조)를 무시하면, 마지막 아량이 공포가 좌절로, 좌절이 분노로 바뀌어 '심술 궂은' 고양이가 등장할 것입니다. 그것을 미처 알기 도 전에 응급실로 향하게 되겠죠. 수의사를 자주 찾 아가 '심술궂은' 고양이에게 통증이나 질병이 있는 지 확인하고 헬빛에 대한 조언을 받으세요.

5
입

긴장, 코 훑기, 마른침 자주 삼키기

4
귀(공포)

옆으로 납작해진 '비행기' 귀

3
눈

확대된 동공, 빠르게 깜박거리기, 시선 회피

2
자세

움츠리기, 낮게 웅크리기, 몸에 바짝 붙인 꼬리와 머리, 단단히 고정된 발

1
엉덩이/울음

뛰거나 숨을 수 없음, 경계 태세, 긴장되고 떨림

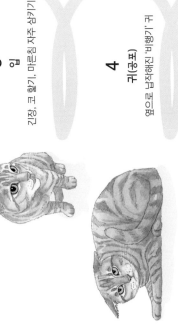

스프링

'스프링'으로 비유하면 상황이 어떻게 통제될 수 있는지 가장 쉽게 이해할 수 있습니다. 스트레스를 받아 긴장 상태인 고양이는 꽉 눌려 있는 스프링과 같아요. 너무 많이 누르면 순식간에 튕겨나가 잠재적인 에너지가 모두 방출될 수 있습니다. 당신에게도! 스프링의 각 코일은 당신이 놓친 시각적 또는 음성적 향의 가운데 하나를 의미하죠. 모든 고양이가 좋든 또는 나쁘든 순서로 신호를 보내는 것은 아니고 그런 신호도 번개처럼 사라지므로 지금 대처 없이 눈을 끔벅이고 있을 때가 아닙니다.

값비싼 교훈

일부 고양이는 인간과의 불쾌한 경험을 통해 꼭 변이 담아리라는 것을 배웠습니다. 정답까지는 아니더라도 인간의 불쾌한 행동을 즉각 멈추게 하는 효과가 있다는 것을 알게 될 것이죠. 고양이의 신호를 의아해두면 스트레스를 많이 줄일 수 있습니다.

스프링 압축하기

스프링이 각 코일은 겁먹은 고양이(1~4)가 동요하고 좌절했다는(5~9) 단서(12~13쪽 참조)를 보여줍니다. 이러한 감정 흥분은 궁극적으로 '심술궂은 고양이(10)의 탄생'으로 이어지죠.

우리 고양이는 사람한테 무심해요

우리 개는 제가 집에 도착하는 순간 문까지 달려와서 반기지만, 우리 고양이는
눈 하나 깜짝 안 해요. 통조림 따는 소리가 들릴 때까지는요.

왜 이러는 걸까요?

매우 다정한 고양이도 있지만, 표현을 잘
하지 않는 고양이도 있습니다. 분명한 건
당신이 집에 있는 것을 좋아한다는 것입니
다. 다만 낮잠을 그만두고 아늑하고 따뜻
한 자리를 비우면서까지 인사하러 올 만큼
은 아닌 거죠. 수천 년간 인간과 친하게 지
내 온 개와 달리 고양이는 우리와 함께 실
내에서 생활한 지 겨우 150년 정도밖에 안
되었기 때문에, 우리의 보디랭귀지를 그리
잘 읽어내지 못하고 우리의 일거수일투족
에 큰 관심을 두지 않습니다. 고양이는 우
리가 관심과 애정을 바란다는 것을 모릅니
다. 딱히 우리의 관심을 필요로 하지 않는
존재니까요!

어떤 의미일까요?

반려묘는 삶의 필수적인 부분을
우리에게 의존하겠지만, 여전히
자유로운 영혼의 소유자입니다.
제멋대로 하려는 내면의
충동은 오만이 아니라
생존 본능입니다.

대자로 눕기:
편안함을 극대화

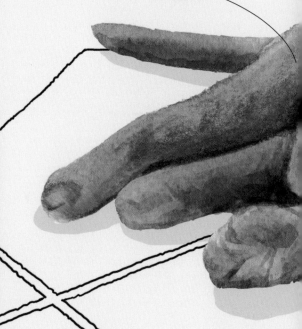

나 혼자 산다

고양이는 사냥꾼이며 혼자 살아남도록 프로
그램되어 있습니다. 자손이 아닌 이상 다른
생명체를 돌보는 것은 득 될 것이 없죠. 반
려묘는 여러 측면에서 살쾡이의 유산을 무
시합니다. 일부는 사회화되어 우리, 다른 고
양이, 심지어는 개와도 유대감을 형성하겠
지만, 이는 유전, 품종, 기질, 삶의 경험에
크게 좌우됩니다.

어떻게 해야 할까요?

즉각적 대응 방법

- **고양이의 요구와 바람을 존중하세요.** 고양이의 방식으로 소통하고 마땅한 휴식을 즐기게 하세요.
- **새로 나타난 행동이라면 진찰을 받게 하세요.** 무기력, 우울감, 그리고 소통 회피나 은신은 불안하거나 아프거나 심기가 불편하다는 징후(122~123, 146~147, 164~165쪽 참조)입니다.

장기적 대응 방법

- **열성적으로 사람을 맞이하는** 고양이도 있지만, 보통 고양이의 다정한 몸짓은 훨씬 더 미묘합니다. 대신 쩍쩍거리기, 야옹거리기, 가르랑거리기, 박치기 또는 비비기 같은 데서 '애정'의 단서를 찾으세요.
- **귀가할 때마다** 간식과 놀이로 당신에게 오도록 유도해보세요(132~133쪽 참조). 당신의 귀가를 새롭게 볼지도 모릅니다.
- **당신의 고양이와 둘만의** 멋진 시간을 가지세요.

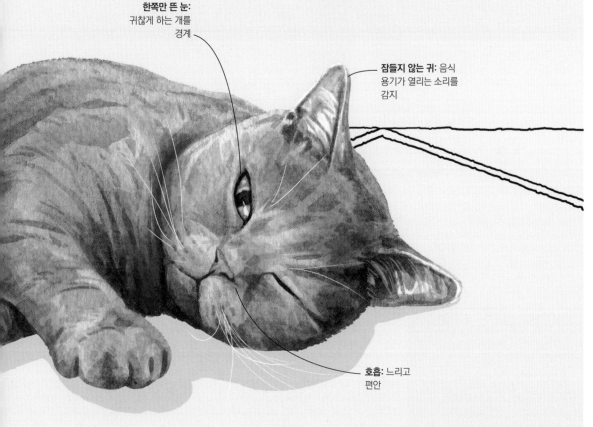

한쪽만 뜬 눈: 귀찮게 하는 개를 경계

잠들지 않는 귀: 음식 용기가 열리는 소리를 감지

호흡: 느리고 편안

3장

우리 고양이가
절 미치게 해요!

우리는 고양이를 사랑하지만, 고양이는 때로
우리를 화나게 합니다. 마음을 열고 고약한 버릇
뒤에 숨겨진 본능과 감정적 동기를 헤아려보면
문제를 해결하고 고양이의 웰빙을 증진하는 데
도움이 될 것입니다.

우리 고양이는 새벽 4시에 놀고 싶어 해요

우리 고양이는 온종일 느긋하게 굴다가, 한밤중에 갑자기 뛰어놀거나 아침을 먹으려고 해요. 어떻게 해야 저를 평화롭게 자도록 해줄까요?

왜 이러는 걸까요?

고양이는 대대로 사막에 서식하는 선조의 혈통을 이어받았습니다. 선조는 기온이 낮고 설치류 먹잇감이 가장 많을 황혼과 새벽 사이에 가장 활동적이었어요. 인간과 함께 생활하면서 활동 패턴이 우리와 비슷하게 바뀌었지만, 고양이에게는 여전히 그때가 가장 활동적인 시간입니다. 자신이 원기 왕성하기 때문에 당신도 끌어들여 함께 즐겨야 한다는 속셈인 거죠. 고양이가 지루하고 불만스러우면 당신이 즐겁게 해주길 기대할지도 모릅니다. 그리고 아마도 비틀거리며 침대로 돌아가는 동안 주의를 딴 데로 돌리려고 간식을 준 적이 있었을 겁니다. 그렇다면 고양이가 새벽 4시를 '간식 타임'으로 여길 만도 하죠.

어떻게 해야 할까요?

즉각적 대응 방법

• **아무런 반응도 보이지 마세요.** 쫓아내는 것도 반응을 보이는 것입니다. 고양이는 자신의 행동이 아무런 보상도 얻어내지 못한다는 것을 알아야 합니다. 쉽지는 않겠지만 그래야 중요한 수면을 되찾을 수 있으니 굴복하지 마세요.

장기적 대응 방법

• **놀이 시간을 추가로 배정하세요.** 잠자리에 들기 한두 시간 전이면 좋습니다. 본격

집어넣은 발톱:
조심스럽게 칠 작정

어떤 의미일까요?

이 시간에 활동적이고 먹잇감을 찾는 것이 고양이의 본능입니다. 당신이 재미와 음식의 원천이니까 일을 하라는 거죠.

적으로 사냥하고 몰래 뒤쫓는 경험(70~71쪽 참조)을 통해 재미와 신체 운동을 즐기게 하세요. 5~10분간의 격렬한 놀이를 목표로 하고 여전히 열성적이면 반복하세요. 서서히 멈추지 않으면 흥분한 상태로 둘 위험이 있습니다.

• **놀이 후에 급식 시간을 가지세요.** 보통 하루에 두 번 먹인다면, 같은 양의 음식을 최소 다섯 끼로 나누어 주세요.

• **규칙적 일과가 있어야** 고양이는 잘 지냅니다. 급식, 털 손질, 놀이, 수면 시간을 규칙적으로 지킬수록 안정감을 느끼고 당신이 짜놓은 일과에 따를 가능성이 커집니다.

"

이런 달밤의 체조를 하루아침에 해결할 수는 없습니다. 하지만 굴하지 않고 인내하면 다시 잘 수 있을 거예요.

"

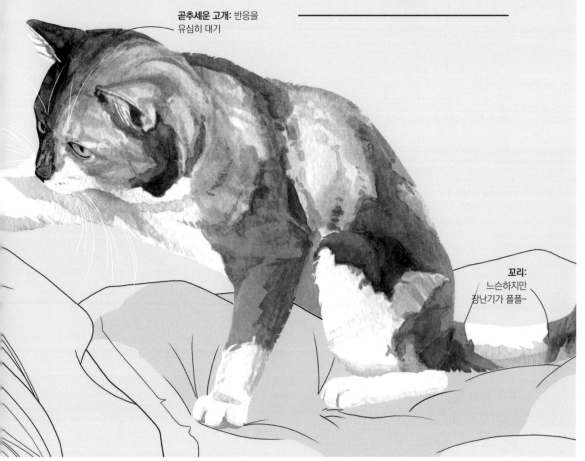

곧추세운 고개: 반응을 유심히 대기

꼬리: 느슨하지만 장난기가 폴폴~

우리 고양이는 너무 탐욕스러워요

우리 고양이는 게 눈 감추듯 제 밥을 집어삼키고 다른 고양이의 밥그릇으로 돌진합니다. 느긋이 먹던 고양이는 포기하고 씩씩거리며 다른 데로 가버립니다. 강박적 불안심리가 있는 걸까요?

어떤 의미일까요?

고양이는 단독 사냥꾼이자 기회주의적 탐식가입니다. 천성적으로 공유할 줄 모르며, 입수 가능한 음식이 있다면 모조리 먹어치울 것입니다. 적자생존이니까요.

왜 이러는 걸까요?

고양이의 소화 체계는 몇 시간마다 쥐 한 마리 정도를 섭취하도록 되어 있습니다. 바쁜 사람이 생각날 때만 음식을 준다면 배고파 죽을 지경이겠죠! 고양이 세계에는 식탁 예절이 없으므로 눈앞의 먹을 것이 모두 자기 것입니다.

음식 섭취는 사적인 일이며 취약함을 드러내기 때문에 소심한 형제라 할지라도 쏘아보는 것은 위협적입니다. 급식 시간이 경쟁으로 변질되기도 하죠. 가장 빨리 먹어치우는 쪽이 이기거나 토해내는데, 이는 또 다른 이야기입니다(166~167쪽 참조).

> **❝**
> 식욕 증가는 당뇨병, 갑상선 기능 항진증, 내장 질환, 기생충 같은 질병의 징후일 수 있습니다. 진찰을 예약하세요.
> **❞**

어떻게 해야 할까요?

즉각적 대응 방법

- **집 안의 모든 고양이가 필요한 것을 얻고 있는지 확인하세요.** 음식을 적게 주는 것과 많이 주는 것 모두 문제를 일으킬 수 있습니다(160~161쪽 참조).

장기적 대응 방법

- **식사 시간에 서로 눈에 띄지 않도록 하여** 더 안전하게 느끼도록 해주세요. 서로 분리된 방에 가두었다면 타이머를 설정하여 15분 후 문 여는 것을 잊지 마세요.
- **마이크로칩으로 작동되는 급식기는** 고양이를 위해 열리고 떠나면 닫히도록 프로그램되어 있어 고양이가 조급함을 느끼지 않고 내킬 때 언제든 와서 음식을 먹을 수 있게 도와줍니다.
- **규칙적인 급식 일정을 짜면** 불만이 줄어듭니다. 고양이의 자연 리듬을 모방하여 하루에 다섯 번 이상 적은 양의 식사를 제공하는 것이 이상적이므로 타이머 급식기와 퍼즐 피더가 큰 도움이 됩니다.

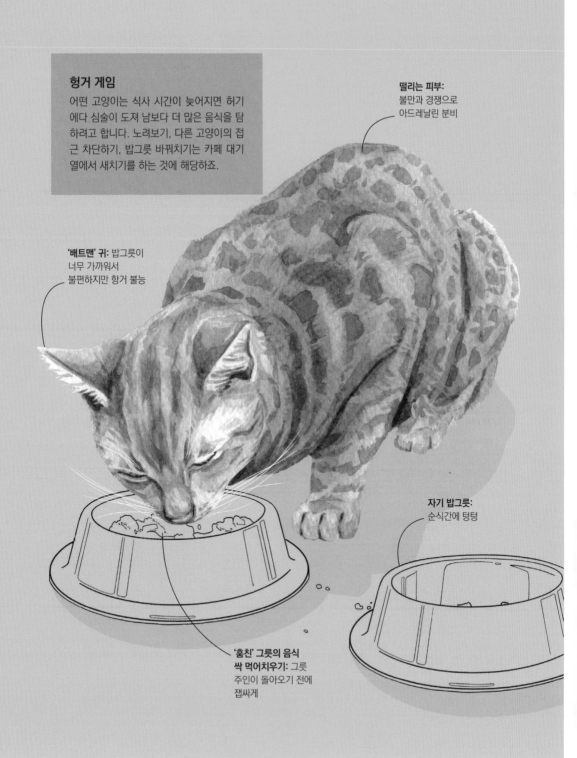

헝거 게임

어떤 고양이는 식사 시간이 늦어지면 허기에다 심술이 도져 남보다 더 많은 음식을 탐하려고 합니다. 노려보기, 다른 고양이의 접근 차단하기, 밥그릇 바꿔치기는 카페 대기열에서 새치기를 하는 것에 해당하죠.

떨리는 피부:
불만과 경쟁으로
아드레날린 분비

'배트맨' 귀: 밥그릇이
너무 가까워서
불편하지만 항거 불능

자기 밥그릇:
순식간에 텅텅

**'훔친' 그릇의 음식
싹 먹어치우기:** 그릇
주인이 돌아오기 전에
잽싸게

서바이벌 가이드

새로운 반려동물 소개하기

고양이는 다른 고양이, 심지어 개와도 친구가 될 수 있지만, 그러려면 첫인상이 중요합니다. 긍정적인 첫 만남을 성사시켜 더 행복한 장기적 관계를 구축하는 데 도움을 줄 수 있습니다.

1
끌리지 않는 상대

반려동물들을 서로 어울리게 하려면 외모나 당신의 욕망이 아닌 기질, 활동량, 사교성에 기초하여 판단하세요. 새로운 반려동물에게 잠재적 포식 위험이나 충돌의 위험은 없는지 생각하세요.

2
분리의 단계

원래 거주하던 고양이의 보금자리를 최적화하고 처음에는 각기 '안전지대'(126~127쪽 참조)를 제공하여 분리 상태를 유지하세요. 당신이 지켜보지 않을 때나 한쪽이 두려움이나 골을 내면 떨어뜨리세요.

3
서두르지 말기

먼저 냄새를 교환하게 하세요(14~15쪽). 그리고 닫힌 문을 사이에 두고 각각의 반려동물에게 음식을 주세요. 몇 차례 반복한 후에 메시 스크린이나 펫 게이트를 통해 서로 보게 하세요. 장벽 없이도 편안하게 먹게 될 때까지 지켜보세요.

4
개 통제하기

펫 게이트 너머로 상호작용하는 동안 개를 줄에 매어놓고 달려들지 않게 하세요. 차분하고 조용히 거리를 유지하도록 훈련시키세요. 장난감이나 간식을 이용하여 주의를 분산시키고 당신에게 집중하도록 만드세요. 차분하게 행동하면 다독이고 더 많은 간식으로 보상하세요.

5
인내와 존중

소개하는 기간에 고양이를 강제하거나 제지하거나 가두지 말고 쉬운 탈출 경로를 마련해주세요. 고양이는 불쾌한 경험을 잊지 않고 미래의 상호작용에 영향을 미칩니다. 보디랭귀지를 자세히 살펴보세요. 서두르지 말고 고양이에게 속도를 조절하게 하세요. 이 과정은 며칠이 아니라 몇 주 또는 몇 달이 걸릴 수도 있습니다.

우리 고양이는 개를 괴롭혀요

우리 집 개는 겁이 많아요. 아늑한 침대에서 쉬다가도
우리 고양이가 지나가며 쓱 째려보면 곧장 침대에서 기어 나옵니다.
따뜻한 자리는 언제나 승리자에게 돌아가죠.

왜 이러는 걸까요?

고양이는 '깡패'가 아니에요. 성가신 개를
비롯한 그 누구에게도 이기려 하지 않습니
다. 고양이는 개를 포식자로 보고 개는 고
양이를 먹잇감으로 보게 되어 있으므로 특
히 아늑한 잠자리를 두고 충돌이 생기기
마련이죠. 고양이에게는 개의 침대를 포함
한 집 천체가 자신의 영역입니다. 왜 아늑

비수 같은 눈: "발을
가까이 대기만 해봐!"

안으로 말린 몸:
체온을 유지

안전한 곳으로
말아넣은 꼬리:
끝을 휙휙

> **❝**
>
> 개는 고양이의 타고난 포식자이지만,
> 모나지 않은 기질을 가진 개와 고양이가
> 적절한 방식으로 첫 대면을 했다면
> 이후로도 꽤 우애 있게 살 수
> 있습니다(112~113쪽 참조).
>
> **❞**

하고 미리 데워진 자리에 발을 올려놓고 싶지 않겠어요. 개의 행동 패턴을 읽을 줄 알게 된 영리한 고양이는 도망가거나 얼어붙었던 초기와는 달리 자신감을 얻어 기세등등해집니다. 이제는 쉭쉭거리거나 발톱을 내놓고 귀를 후려갈기는 대신 단지 '시선'만으로 명당 자리를 차지할 수 있는 거죠. 당신의 개도 보이는 것만큼 멍청하지 않습니다. 고양이를 쫓아내면 날카로운 발톱이 날아온다는 것을 기억하고 있으니까요.

어떻게 해야 할까요?
즉각적 대응 방법
- **물리적 개입을 피하세요.** 위태로운 상황을 초래하여 극단으로 치닫게 할 수 있습니다. 간식이나 장난감으로 고양이를 유인하고 침대를 비워 개가 자리를 되찾을 수 있게 하세요.

- **왜 그 자리를 한사코 고집하는지** 알아보세요. 히터나 볕이 드는 창 옆인가요? 고양이의 침대를 더 좋아할 만한 곳으로 옮겨 보면 어떨까요(54~55쪽 참조)? 아니면 고양이가 통증 때문에 침대와 소파에 접근하기 어려운 것은 아닌가요(146~147쪽 참조)?

장기적 대응 방법
- **고양이와 개 사이의** 모든 긍정적인 소통을 칭찬하고 보상해주세요.
- **낮잠 자기에 매력적인 자리를 많이** 마련해주세요. 도피할 수 있는 높은 곳이 좋습니다.
- **고양이 친화적인 펫 게이트를 이용하여** 긴장을 낮추고 추격 '게임'을 방지하고 쉬운 탈출 경로를 마련해주세요.

고양이와 사이좋은 개
많은 경우 적어도 처음에는 맹렬하게 싸웁니다. 크게 당하는 쪽은 대개 고양이죠. 모든 개가 잠재적으로 살생 본능이 있지만 특히 테리어와 하운드 같은 품종은 움직이는 작은 털복숭이를 본능적으로 쫓아가 무는 습성이 있으므로 좋은 선택이 아니겠죠. 다른 개들은 집을 공동으로 사용하는 법을 배울 수 있고, 일부는 특히 강아지와 새끼고양이 시절에 만났을 때 함께 지내는 것을 포용할 수 있습니다. 리트리버와 푸들 같은 품종은 상대적으로 고양이와 친해지기 쉽지만, 개체의 기질과 경험 역시 중요합니다.

우리 고양이는 엉뚱한 것을 빨고 씹어요

우리 고양이가 제일 좋아하는 취미는 제 털 스웨터나 푹신한 목욕 가운을 빠는 것인데, 이제 노트북 케이블까지 씹으려 합니다!

어떤 의미일까요?

이러한 행동은 지루함을 달래는 것부터 치통을 줄이는 것까지 여러 가지 의미를 가질 수 있으므로 추가 조사가 필요할지도 모릅니다.

왜 이러는 걸까요?

이러한 행동은 지루함이나 스트레스(122~123쪽 참조)를 나타내는 것일 수 있습니다. 이빨이 나는 새끼고양이나 잇몸 질환 또는 충치가 있는 고양이라면 통증의 징후일 수도 있어요.

보통은 어린 시절로 돌아간 것입니다. 생후 8주 이전에 어미에게서 떼어진 새끼 고양이는 젖먹이 본능을 유지하며 젖꼭지라 여기는 물건에 달라붙어 편안함을 느끼는 것 같아요. 마치 엄지손가락을 빠는 아기처럼요.

일부 고양이는 의례적 행동이나 강박 장애를 앓는 것일 수 있습니다. 계속되는 허기짐과 '이식증'(음식 이외의 것을 강박적으로 먹는 증상)은 영양 결핍이나 질병이 있는 고양이에게서 볼 수 있고요.

씹고 빠는 것은 대개 고양이에게 무해하고 진정 효과가 있지만, 특히 대상이 전류가 흐르는 케이블이라면 다칠 수 있습니다. 플라스틱, 종이, 접착테이프 같은 물건을 삼키면 입이나 내장이 손상되거나 기도가 막힐 수 있어요.

어떻게 해야 할까요?

즉각적 대응 방법

- **내버려 두세요.** 온 방이 울리도록 야단을 치면 고양이를 겁먹게 할 뿐 행동을 단념시키지 못합니다. 부정적인 감정이 추가되면 스트레스 반응이 악화될 수 있어요.
- **목표물이 비싸거나 위험한 것이라면**, 혹은 고양이가 먹으려고 한다면, 장난감이나 간식으로 유인하세요. 다만 단념시키고 싶은 행동에 대해 보상하는 모양새가 되지 않도록 주의하세요.

장기적 대응 방법

- **수의사를 찾아가** 이러한 행동에 수의학적 원인은 없는지 확인하세요.
- **씹으면 안 되는 물건을 숨기거나** 안전하지만 맛이 고약한 사과 스프레이를 뿌려 단념시키세요.

- **안전한 대체물을 제공하세요.** 고양이가 좋아하는 대상과 비슷한 부드러운 장난감이나 오래된 양털 목욕 가운 등이 좋습니다. 페로몬이나 캣닙으로 매력을 더하세요.
- **정기적인 놀이 시간을 가져** 지루함을 해소해주세요. 장난감을 바꿔가며 새로움을 유지하고 뇌를 자극하는 퍼즐 피더(138~139쪽 참조)를 사용하세요.

모든 것은 유전자에?

버만과 샴 같은 일부 품종은 무생물, 특히 모직물을 빨고 씹는 유전적 경향을 보입니다. 그러한 행동은 질감, 맛, 또는 냄새로 인해 유발될 수 있습니다.

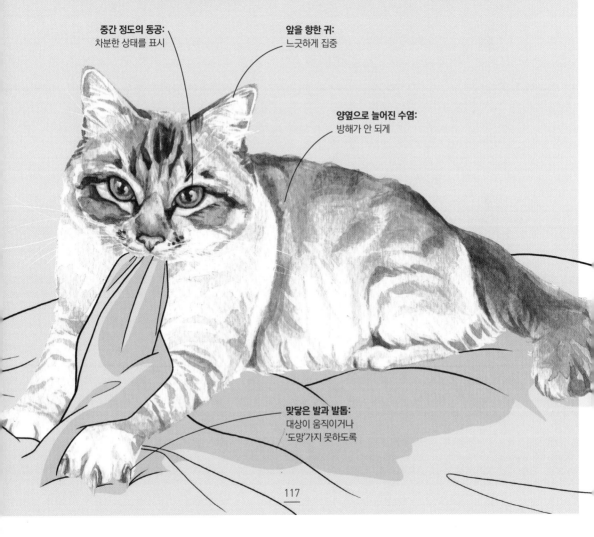

중간 정도의 동공:
차분한 상태를 표시

앞을 향한 귀:
느긋하게 집중

양옆으로 늘어진 수염:
방해가 안 되게

맞닿은 발과 발톱:
대상이 움직이거나
'도망'가지 못하도록

우리 고양이는 방문 닫는 걸 싫어해요

우리 고양이는 방문이 닫히기만 하면 구슬프게 야옹거려요.
그러다 제가 문을 열면 무심하게 방 안에 머리를 쏙 들이밀고 냄새를 맡고는
반대 방향으로 어슬렁거리며 가버립니다.

왜 이러는 걸까요?

당신이 만나본 최고의 오지랖쟁이가 강제로 다른 언어를 쓰는 누군가와 함께 살아야 한다고 생각해보세요. 이것이 집고양이의 상황입니다. 왜 고양이가 특히 문이 닫혔을 때 당신이 무얼 하는지에 집착하는지 어렵지 않게 이해할 수 있죠.

고양이는 새롭거나 색다른 것이 있을 때 자연히 호기심이 발동하는 생명체입니다. 선택권이 있는 것을 좋아하고 예측 가능한 삶을 선호하며 모든 것이 자신의 통제 아래 있기를 원합니다. 당신의 집은 고양이의 영역이기도 해서 거기서 일어나는 모든 일을 세심하게 관리하려는 선천적인 욕구가 있는 거죠.

고양이는 독심술사가 아닙니다. 당신은 방문이 열리기도 닫히기도 한다는 것을 알지만, 고양이는 그것이 단지 일시적인 장벽에 불과하다는 것을 깨닫지 못하거든요. 고양이의 입장에서 그것은 일과를 망치고 통제감과 안전감을 떨어뜨리는 영구적인 방해물입니다. 마치 당신이 잠에서 깨어났는데 거실에 떡하니 벽이 세워져 있는 것 같은 느낌일 겁니다.

어떻게 해야 할까요?

즉각적 대응 방법

- **별로 고양이를 쫓아내거나** 보상으로 문을 열어주지 마세요. 그렇지 않으면 당신의 주의를 끌기 위해 이러한 행동을 고집할 것입니다.
- **상황과 동기를 생각해보세요.** 고양이가 한 마리라면 버려졌다고 느낄 수 있고, 여러 마리가 있는 가정이라면 공유 영역의 크기가 줄어들었을 때 역학 관계가 도전받을 수 있습니다.

장기적 대응 방법

- **고양이처럼 생각하고** 가능하면 방문을 닫지 마세요.
- **안전이나 사생활 보호가 이유라면** 주의를 돌리거나 다른 곳에 매력적인 안식처를 마련해주세요(126~127쪽 참조).
- **불안감을 상쇄시키세요**(46~47쪽 참조). 고양이의 영역을 풍요롭게 해주면 좋습니다.
- **방문을 닫아도** 리터 박스, 물, 음식, 잠자리로부터 차단되지 않도록 하세요.
- **고양이가 방문을 긁어서** 손상시키지 않게 하려면 134~135쪽을 참조하세요.

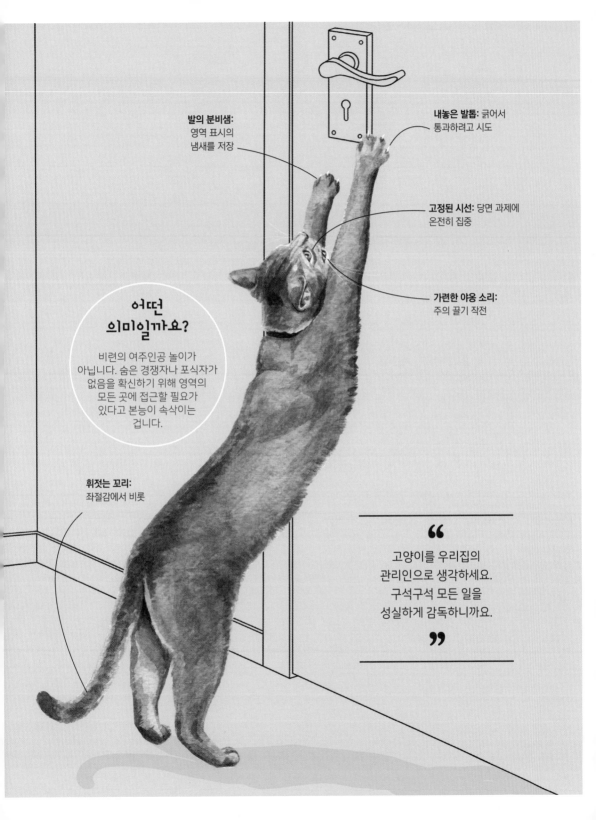

발의 분비샘: 영역 표시의 냄새를 저장

내놓은 발톱: 긁어서 통과하려고 시도

고정된 시선: 당면 과제에 온전히 집중

가련한 야옹 소리: 주의 끌기 작전

어떤 의미일까요?

비련의 여주인공 놀이가 아닙니다. 숨은 경쟁자나 포식자가 없음을 확신하기 위해 영역의 모든 곳에 접근할 필요가 있다고 본능이 속삭이는 겁니다.

휘젓는 꼬리: 좌절감에서 비롯

❝
고양이를 우리집의 관리인으로 생각하세요. 구석구석 모든 일을 성실하게 감독하니까요.
❞

우리 고양이는 집에서 스프레이를 해요

거실에서 고양이 오줌 냄새가 나요! 기이하게도 범인은 중성화된 암컷이에요. 유리문과 새 커튼에 오줌을 뿌리는 현장을 덮쳤거든요.

어떤 의미일까요?

살쾡이는 물리적 충돌을 피하기 위한 사회적 거리 두기 전략으로 자신의 영역에 소변을 뿌립니다. 소변은 오래 남기 때문에 한 번이면 족하죠.

왜 이러는 걸까요?

갱단이 그래피티를 남기듯이 고양이는 소변 스프레이를 사용하여 부재 시 영역을 표시하고 경쟁자 고양이와의 전면전을 피합니다. 잠재적 배우자에게 활력과 성별을 광고하기도 하죠. 스프레이의 신선도로 고양이가 언제 거기 있었는지 알 수 있습니다. 중성화되지 않은 수컷의 행동이지만 때로 암컷에게도 나타납니다.

상황이 핵심입니다. 중성화된 고양이가 실내에 스프레이하는 것은 불행, 스트레스, 또는 질병을 뜻합니다. 여러 고양이가 한 공간을 공유할 때 발생하는 경향이 있고요. 고양이가 많을수록 스트레스가 많아지고 향기로운 벽화가 그려질 가능성도 커지겠죠. 소변 자국은 또 다른 스트레스를 불러일으키기 때문에 악순환입니다.

어떻게 해야 할까요?

즉각적 대응 방법

- **진정하세요.** 흥분하면 이미 불안해하는 고양이가 근심을 떠안게 됩니다.
- **깨끗하고 신속하게 닦으세요.** 오줌 냄새가 조금이라도 남아 있으면 다시 스프레이를 초래하고 동료 고양이가 위협을 받아 자신의 표식을 추가할지도 모릅니다. 자외선을 쬐면 오래된 마른 소변과 전체 피해 규모를 드러내는 데 유용합니다. 표백제와 암모니아 계열 세척제는 고양이에게 오줌 냄새처럼 느껴지니 피하고 페놀 계열 세제는 고양이에게 유독하니 사용하지 마세요. 천연 성분 세정제가 가장 좋습니다.

장기적 대응 방법

- **검진을 최우선으로 받으세요.** 스프레이하는 고양이 세 마리 중 한 마리는 진료를 필요로 합니다.
- **스트레스나 갈등의 원인을 파악하세요.** 변화나 통제력 결여 등이 있을 수 있습니다. 고양이의 환경에 개선할 수 있는 부분이 있나요(46~47쪽 참조)?
- **'창문 TV'의 채널을** 변경하세요(54~55쪽을 참조하여 아이디어를 얻으세요).

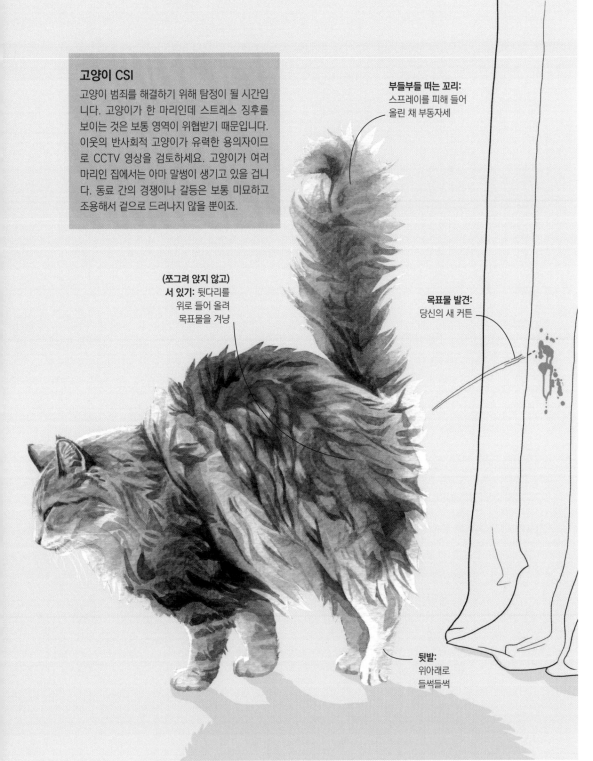

고양이 CSI

고양이 범죄를 해결하기 위해 탐정이 될 시간입니다. 고양이가 한 마리인데 스트레스 징후를 보이는 것은 보통 영역이 위협받기 때문입니다. 이웃의 반사회적 고양이가 유력한 용의자이므로 CCTV 영상을 검토하세요. 고양이가 여러 마리인 집에서는 아마 말썽이 생기고 있을 겁니다. 동료 간의 경쟁이나 갈등은 보통 미묘하고 조용해서 겉으로 드러나지 않을 뿐이죠.

부들부들 떠는 꼬리: 스프레이를 피해 들어 올린 채 부동자세

(쪼그려 앉지 않고) 서 있기: 뒷다리를 위로 들어 올려 목표물을 겨냥

목표물 발견: 당신의 새 커튼

뒷발: 위아래로 들썩들썩

고양이 관찰 고급편

겁쟁이 고양이의 신호

공포는 위험에 대한 건강한 반응이지만, 고양이가 종종 다음과 같은
행동의 일부 또는 전부를 보인다면 유전적 요인, 어린 시절 경험, 또는
스트레스가 많은 상황으로 인해 지속적인 공포나 불안 상태에서 살고
있는지도 모릅니다. 그렇다면 고양이의 보금자리를 점검하고 고양이가
안심할 수 있도록 도울 방법을 찾아야 하겠죠(46~47쪽 참조).

공포의 모습

불안하거나 두려워하는 낌새는 눈과 귀에
나타납니다. 눈을 더 자주 깜빡이며,
위협적인 것을 확대된 동공으로 응시하며
다음 움직임을 계획할 것입니다. 어떤
고양이는 위협적이지 않게 보이려고
시선을 회피하고, 다른 고양이는
발각되지 않고 있으면 눈을 감습니다.
'비행기 귀'는 옆과 아래로 납작해지며,
무서운 소음을 추적하기 위해 독립적으로
회전할 수 있습니다.

공포로 얼어붙기

겁에 질린 고양이는 눈에 띄지 않으려고
움직임을 억제합니다. 더 작게 보이고
취약한 배를 보호하기 위해 근육을
긴장시키고 몸을 웅크리죠. 머리와 꼬리를
몸에 바싹 붙이고, 발을 땅에 붙여
도망가거나 숨을 준비를 합니다. 움직이지
않는 고양이는 무슨 일이 일어나는지
염려하지 않는다고 단정하는 것은
현명하지 않아요. 실상은 구석에 몰리거나
탈출구가 막혀 있어 크게 낙담하고
있으니까요(102~103쪽 참조).

숨기

겁먹은 고양이는 모습을 감춤으로써 낯설거나
위협적인 것으로부터 더 안전하다고 느낍니다.
좁은 공간이나 높은 곳은 좋은 은신처이며,
접근하기 어렵고 어둡고 조용한 곳은 고조된
감각을 진정시키는 데 유용하죠. 고양이가
그러한 장소에서 많은 시간을 보낸다면,
무언가에 불안을 느낀다는 확실한 증거입니다.

과잉 경계

모든 감각이 활성화되면 쉽게 겁에 질려 예기치 않은
감각 자극에 미친 듯이 날뛸 수 있습니다.
과잉 경계가 삶의 방식으로 자리 잡은 고양이도
있습니다. 다음에 고양이가 잠든 것 같을 때
가까이 들여다보세요. 억지로 눈을 감아 눈가에
주름이 잡혀 있다면 여전히 '비상근무 중'인
것입니다.

'문제' 행동

불안해하는 고양이와 함께 사는 게 불만스러울 수
있지만, 당신을 미치게 하거나 수의사를 찾아가게
하는 행동 대부분—긁히고 뜯긴 카펫, 오줌이
흥건한 이불, 도어 매트 위의 똥—은 환경이 당신의
생각만큼 고양이에게 편안하지 않다는 증거예요.
부적절한 리터 박스, 닫힌 방문, 시끄러운 음악,
그리고 스크래처와 꼬리를 잡아당기는 유아로부터
피할 곳이 없다면 고양이는 행복하지 않답니다.

우리 고양이는 식스 센스가 있는 것 같아요

우리 고양이는 벼룩 퇴치 시간이라는 것을 어떻게 아는지 제가 약 상자를 꺼내기 무섭게 어딘가로 도망가서 숨어버려요. 해치는 것도 아닌데 왜 이리 예민하게 구는 거죠?

어떤 의미일까요?

고양이의 본능적인 통제 욕구는 민감한 코와 과거의 부정적인 연관으로 강화되어 모든 두려운 사건을 피하도록 이끕니다.

왜 이러는 걸까요?

예리한 관찰 능력을 갖춘 고양이는 두려운 사건이 곧 일어나리라는 신호를 포착하는 데 명수입니다. 달마다 하는 벼룩 퇴치 시간이든 동물병원 방문이든 진공청소기 돌리는 시간이든 말이죠. 전자의 경우 당신의 보디랭귀지는 약 상자나 약병의 독특한 생김새와 소리와 더불어 고양이의 회피 행동을 유도할 만한 분명히 나쁜 징조입니다. 벼룩 퇴치 물약은 상처 위나 근처에 닿으면 차갑고 냄새나고 따끔거려요. 고양이가 어쩌다가 맛본 적이 있다면, 의심의 여지 없이 모든 감각에 지워지지 않는 인상을 남겼을 겁니다.

어떻게 해야 할까요?

- **불쾌한 이벤트에 스트레스를 받지 않도록** 미리 준비하세요. 예를 들어 고양이에게 다가가기 전에 다른 방에서 약 상자를 열고 병마개를 뽑으세요. 바를 곳이 어디인지 미리 정확히 파악해야 하겠죠. 진공청소기는 고양이가 다른 방에 있을 때 돌리고, 동물병원에 가는 경우는 150~151쪽을 참조하세요.
- **잡거나 제지할 필요가 있다면** 차분함을 유지하고 부드럽고 달래는 듯한 목소리로 말하되 날카로운 발톱과 이빨을 조심하세요! 큰 수건과 도와줄 일손이 있으면 더 신속하고 원활하게 진행할 수 있습니다.
- **긍정적인 연관을 맺어** 고양이가 순응하도록 유도하세요. 많이 다독여주고 간식도 주세요.

무반응도 반응

우리는 결투, 도주, 초조, 기절 같은 감지된 위협에 맞서 능동적인 생존 전략에 집중하는 경향이 있지만, 겁먹은 고양이는 흔히 얼어붙고 말죠. 고양이가 대들지 않는다고 해서 스트레스에 잘 대처한다고 단정짓지 마세요. 쪼그리고 앉기, 숨기, 가만히 있기 모두 발각과 대결을 피하기 위한 생존전략입니다.

> 개 전용 벼룩 퇴치 제품이나 마늘과 티트리 같은 자연요법은 고양이에게 유독하므로 사용하지 말아야 합니다.

공포로 얼어붙은 몸: 쪼그려 앉아 발각을 회피

진동하는 쫑긋한 귀: 위험을 감지

동그랗게 뜬 눈: 확대된 동공과 함께 탈출 경로를 찾느라 초집중

서바이벌 가이드

이사하기

평소와 다른 일상, 몸에 익은 편안함의 상실, 그리고 스트레스로 지친 주인은 고양이를 혼란에 빠뜨리기에 충분해요! 이사할 때는 여러 상황을 미리 계획해야 고양이가 더 안심할 수 있습니다.

1
준비하기

이사하기 몇 주 전에 고양이의 예방접종이 최신 상태인지 확인하고 수의사, 반려동물 보험사, 그리고 마이크로칩 제공업체에 새로운 연락처를 알려주세요.

2
진정시키기

진정제나 플러그 접속식 페로몬 디퓨저를 사용하여 고양이의 스트레스를 미연에 방지하세요. 대망의 날 몇 주 전에 시작하면 가장 효과적입니다.

3
'안전한 방' 만들기

음식, 물, 리터 박스, 침구, 장난감, 캐리어가 있는 안식처를 마련하세요. 방문에 '출입금지' 표시를 하고 이사하기 전 24시간 동안 고양이를 혼돈에서 벗어나 안에 머물게 하세요.

4
다시 진정시키기

이사하기 전에 새 집에 들어갈 수 있다면, 고양이가 곧바로 들어갈 수 있는 또 다른 안식처를 만드세요. 그렇지 않다면 안식처를 준비하는 동안 캐리어 안에 안전하게 두세요.

5
정착하기

이삿짐을 풀고 나면 모든 새 가구에 예전 집에 있던 담요, 커튼, 또는 침구를 덮으세요. 몇 주 동안 그대로 두어 친숙하고 아늑한 냄새가 나도록 하세요.

6
탐색할 시간

새 집을 자신의 페이스로 탐색하고 언제나 '안전한 방'에 접근할 수 있도록 해주세요. 외출하는 고양이라면 62~63쪽에서 처음으로 내보내는 법을 참조하세요.

우리 고양이는 너무 지저분하게 먹어요

우리 고양이는 음식을 먹기 전에 바닥에 흘리고
밥그릇 주변과 벽을 엉망으로 어지럽혀요.
꼭 갓난아기를 기르는 것 같다니까요!

어떤 의미일까요?

고양이는 밥그릇에 담긴 맛있는
고기 조각을 핥는 법을 배우지만,
내면의 야생성은 먹잇감의
살코기를 움켜쥐고 흔들고
찢고 썰라고
다그칩니다.

입 주변을 닦는 혀:
'먹잇감'의
찌꺼기 부착

기울인 머리:
딱딱한 음식을
씹는 데 큰 힘을
발휘

**과도하게 자극된
수염:** 좁고 깊은
밥그릇이 원인

털로 만든 '턱받이':
음식이 묻어도 닦기
곤란

왜 이러는 걸까요?

고양이가 타고난 본능에 따른다면, 본차이나 그릇에 담긴 고기 조각을 우아하게 집어 드는 것이 아니라, 쥐를 뜯거나 새의 깃털을 뽑겠죠. 야생에는 밥그릇이 없으므로 음식을 그릇에 담아 주는 것은 우리가 편한 대로 하는 일입니다.

맛과 촉감이 핵심이어야 하지만, 그릇에 남아 있는 세제 잔여물은 다른 요인(아래 참조)과 더불어 고양이에게 감각 과부하를 일으켜 그릇 밖에 두고 먹을 생각을 하게 만들 수 있습니다.

감각 과부하

고양이의 수염은 촉감에 민감하고 귀는 소음에 민감해서(16~17쪽 참조) 속이 깊은 그릇과 목걸이 태그 또는 방울은 식사 때 자극적이거나 불편할 수 있어요. 마찬가지로 치아에 노출된 신경 말단은 냉장 보관한 차가운 음식이 거북하거나, 세라믹, 유리, 또는 금속 그릇에 줄곧 부딪히게 됩니다. 일부 고양이가 자연의 본래 밥그릇인 바닥으로 되돌아가는 것도 결코 놀라운 일이 아니죠.

어떻게 해야 할까요?

즉각적 대응 방법
- 그대로 두고 나중에 닦으세요.

장기적 대응 방법
- **먹는 모습을 정기적으로 관찰하세요.** '규범'을 알게 되면 통증의 초기 징후를 쉽게 발견할 수 있습니다. 음식을 쥐거나 붙들고 있는 문제, 과도하거나 과장된 혀 놀림, 머리 기울이기와 이빨 갈기는 입, 척추, 또는 소화기계가 고통스러운 상태임을 가리킬 수 있습니다.
- **식기 세트를 업그레이드해주세요.** 넓고 얕은 그릇이나 급식 트레이로 바꿔주세요. 닦아내기 쉽게 밑에 플라스틱 매트도 까세요.
- **실리콘 그릇으로 바꿔보세요.** 기존의 세라믹이나 금속 제품과 달리 치아에 더 부드럽고 깨지지 않으며 식기세척기와 전자레인지에 사용할 수 있습니다.
- **향이 강한 세제는 사용하지 말고** 설거지 할 때 항상 철저히 헹구세요.
- **다 쓴 욕실용 매트를 재활용하세요.** 일부 고양이는 마른 간식이나 사료를 거칠거나 질감이 느껴지는 표면에서 먹는 것이 더 수월하답니다.

우리 고양이는 캣 플랩을 안 쓰려고 해요

어떤 의미일까요?

캣 플랩을 사용하는 것은 본능이 아니라 학습된 행동이지만, 고양이는 그냥 집사(당신!)에게 야옹거리면 문이 열린다는 것도 배웠습니다.

저는 모든 변덕을 받아주고, 심지어 한사코
캣 플랩 사용을 거부하면 문을 열어주기까지 해요!
(#TooPoshToPush)

왜 이러는 걸까요?

캣 플랩은 외출이 허용된 고양이에게는 실용적이지만, 통과하는 도중에 잠시 문제가 생길 수 있습니다. 숨어 있는 경쟁자 고양이나 그들이 남긴 냄새조차 위협적으로 다가올 수 있는데, 캣 플랩이 너무 작거나 높이가 안 맞거나 한쪽 면에 급경사가 있다면 불편하고 특히 노령 고양이에게는 고통스럽기까지 하겠죠. 대부분의 고양이는 캣 플랩을 선뜻 사용하도록 유도할 수 있지만, 무언가에 겁을 먹거나, 특히 문을 열어주는 개인 비서가 있다면 순식간에 싫증이 날 수 있습니다.

캣 테크

자동 캣 플랩은 마이크로칩 또는 무선 주파수 인식표(RFID) 목걸이 태그로 작동됩니다. 출입 시간을 다르게 설정할 수 있고 특정 고양이만 이용할 수 있는 제품은 고양이가 많은 가정에, 또는 동네 고양이와 시차를 두고 실외를 공유하는 상황에 유용하죠. 와이파이를 통해 고양이의 이동을 추적하고 스마트폰에 알림을 보내주는 것도 있습니다.

어떻게 해야 할까요?

즉각적 대응 방법

- **캣 플랩이 작동하는지 확인하세요.**
- **고양이를 억지로 밀어 넣지 마세요.** 불안감만 커질 뿐입니다.
- **반대편에 서서** 장난감이나 좋아하는 간식으로 유인하세요.

장기적 대응 방법

- 통증의 징후가 있는지 동물병원에서 (특히 노령 고양이의 경우) 검사하고 마이크로칩이 제대로 작동하는지 확인하세요.
- **캣 플랩을 무향의 천연 세제로 닦아** 경쟁자 고양이의 뺨, 발, 소변의 자국을 지우고 당신 고양이의 얼굴 페로몬으로 다시 채워주세요(14~15쪽 참조).
- **캣 플랩을 더 크고 나은 모델로 업그레이드**(약 170×175mm)하거나 경사로나 계단을 설치하여 더 쉽고 편하게 접근할 수 있게 하세요.
- **화분이나 관목으로 출입구를 가려주세요.** 경쟁자나 포식자로부터 취약성을 낮출 수 있습니다.

> 공을 들여 근사한
> 캣 플랩을 만들었다면
> 이용하도록 유도하세요.
> 여기서 물러선다면 영원히
> 고양이가 시키는 대로
> 해야 할 것입니다.

눈 맞춤: 요청의
승인을 요구

외출 요청:
야옹거리면
문이 활짝

문 앞에 앉기:
당신에게 은근하게
메시지를 보내는 방식

고양이 관찰 고급편

고양이의 학습

삶은 그 자체로 큰 학습 경험입니다. 고양이가 어떻게 배우는지 이해하면
행동을 바꾸거나 대안을 제공하여 스트레스를 경감시키고 행복하고
건강한 삶을 선사할 수 있어요. 또 새끼고양이를 원만한 고양이
가족 구성원(18~19쪽 참조)으로 만들고, 노령 고양이에게
새로운 요령을 가르치는 데도 유용하겠죠.

순간을 살기

고양이의 타고난 호기심,
본능, 감각은 무슨 일이
일어나는지 파악하고
변화를 알아채는 데 도움이
됩니다. 현재에 충실한
고양이는 과거를
반추하거나 미래의 계획을
세우지 않아요.

연관을 통한 학습

고양이가 물건, 사람, 동물, 또는
상황과 마주칠 때, 고양이의 뇌는
그로부터 유발되는 감정과 그
결과를 훗날을 위해 기록합니다.
그것을 다시 경험하면 다음에
일어날 일을 예상할 수 있는 거죠.
이로써 생존을 위협한다고 인식되는
모든 것을 회피하고 생존력을
높일 수 있게 됩니다.

첫인상이 중요

반복되는 경험이 많이 필요할 때도 있고
단 한 번의 (주로 불쾌한) 경험으로 뇌리에
흔적이 남을 때도 있습니다. 부정적인
연관은 너무나 흔한데, 고양이 캐리어를
보고 무서워하는 것이 대표적이죠.
반대로 밖에서 당신의 자동차가 멈추는
소리는 곧 식사 시간임을 가리키는
긍정적인 연관일 것입니다.

새로운 연관 가르치기

우리는 새끼고양이가 잠재적 스트레스를 내포한 새로운 것을 경험할 때 그것을 점진적으로 겪게 하고 대담하고 느긋하게 행동하면 보상함으로써 순조롭게 헤쳐나가게 할 수 있습니다. 또 우리는 어른 고양이에게도 현재 불쾌하게 여기는 것(예컨대 빗질)을 새롭고 유쾌한 경험과 짝지어 긍정적인 연관을 형성하도록 도울 수 있죠.

긍정적 강화

고양이는 부정적인 취급에 잘 반응하지 않고 당신을 나쁜 일과 재빨리 연관시킵니다. 당신의 존재에 관한 공포와 불안을 부추기면 추가 학습에 도움이 되지 않고, 행동의 동기를 파악할 수 없으며, 당신이 바라는 대안 행동을 제시할 수도 없어요. 일순간의 고함조차 벌로 간주하니까요. 효과적인 접근 방식은 좋은 행동에 대해 보상하고 나쁜 행동을 무시하는 데 초점을 맞추는 것입니다.

고양이 훈련의 이점

고양이를 훈련시키는 것은 가능할 뿐만 아니라(많은 기술이 개와 갓난아기 훈련에 사용되는 것과 동일) 즐겁고 보람 있는 일입니다. 고양이에게 정신적 자극을 주는 동시에 당신의 시간도 풍요롭게 하니까요. 중요한 것은 스트레스를 줄이고 달갑지 않은 행동을 교정하는 데 이용하여 인간과의 유대를 강화시킬 수 있다는 것입니다.

우리 고양이는 모든 물건을 다 긁어놔요

생각할 수 있는 모든 걸 다 긁어놨어요. 소파, 벽지, 계단용 카펫 등등, 스크래처만 빼고 전부요. 지금쯤 발톱이 아주 날카로워졌겠네요!

어떤 의미일까요?

고양이는 스크래칭으로 발톱을 날카롭게, 근육을 팽팽하게 유지합니다. 스크래칭은 자주 방문하는 경로를 나타내는 시각적 단서이자 냄새 표시이기도 하죠.

왜 이러는 걸까요?

고양이에게 스크래칭은 전적으로 타고난 것이지만 ―중요한 스트레스 해소제이자 낮잠 후에는 스트레칭의 역할― 보통 그 대상으로 선택한 것이 문제가 됩니다. 고양이 눈에 보이는 것은 값비싼 카펫이나 벽지가 아니라, 냄새를 묻혀(14~15쪽 참조) 자신의 영역에서 자신의 존재를 재확인하고 발톱을 걸쳐놓는 데 안성맞춤인 질감 있는 표면일 뿐이죠. 고양이들이 서로 긴장 상태에 있다면, 계단, 현관, 출입구나 침대 및 급식대 근처 등의 분쟁 지대에서 스크래칭이 더 빈번해질 수 있습니다.

증기 배출

억눌린 에너지와 감정의 원인을 파악하세요. 충족되지 않은 사냥 욕구나 고양이 간의 갈등 등이 있을 수 있습니다. 규칙적인 일과를 만들어주고 놀이와 운동(46~47, 182~183쪽 참조)으로 자극하면서 야생적 리듬을 활용하세요. 합성 페로몬은 고양이를 진정 및 안심시키고 다른 고양이들과의 불안과 긴장을 완화하는 데도 도움이 될 수 있습니다.

어떻게 해야 할까요?

- 욕설을 퍼붓거나 쿠션을 던지지 마세요! 고양이는 스크래칭이 필요합니다. 기본적인 복지의 문제라고요.
- 순간적으로 방출해야 하는 스트레스 등의 이유를 파악하세요.
- 스크래처를 고양이가 선호하는 질감(사이잘삼, 라탄, 보드지, 카펫, 또는 우드)과 각도(수평, 수직, 또는 스키 슬로프)를 가진 것으로 제공해주세요. 고양이가 몸을 완전히 뻗을 수 있을 만큼 튼튼하고 길어야 합니다(최소 90cm). 하나는 고양이가 선택한 스크래칭 장소에 배치하고 나머지는 핫 스폿에 두세요.
- 합성 페로몬과 캣닙을 이용하여 새로운 스크래처에서 스크래칭하도록 유도하세요.
- '바람직하지 않은' 스크래칭은 단념하도록 접근을 막거나 가구에 양면테이프를 붙이세요.

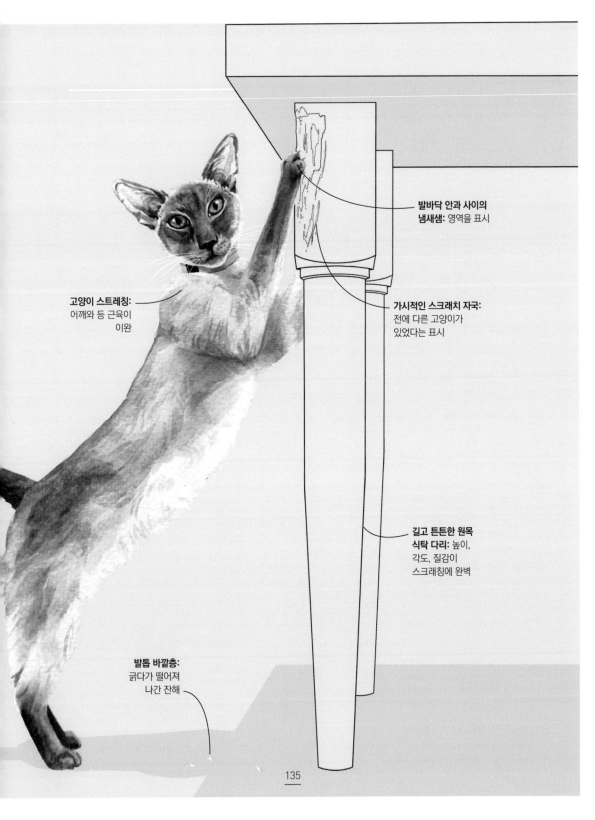

발바닥 안과 사이의 냄새샘: 영역을 표시

고양이 스트레칭: 어깨와 등 근육이 이완

가시적인 스크래치 자국: 전에 다른 고양이가 있었다는 표시

길고 튼튼한 원목 식탁 다리: 높이, 각도, 질감이 스크래칭에 완벽

발톱 바깥층: 굵다가 떨어져 나간 잔해

우리 고양이는 부엌 털이범이에요

부엌 조리대가 마치 제 안방인 양 누비고 다닙니다. 물총을 쐈더니 이제는
제가 보지 않을 때만 뒤지고 다녀요. 간식이 있는 찬장을 여는 법까지
알아냈다니까요!

왜 이러는 걸까요?

이 앙증맞은 약탈자는 버려진 것을 먹지
않고 먹잇감을 찾아다닙니다. 항상 다음
식사의 원천을 찾아다니는 것이 생존 본능
이에요. 야생이라면 늘 해야 할 일이죠.

고양이는 배고픔을 유발하는 질병이나
약물 때문에 허기졌거나, 아니면 단지 배
에서 꼬르륵 소리가 났을 겁니다(160~161
쪽 참조). 어느 쪽이든 깔끔하지 않은 인간
의 부엌에서는 공짜 간식을 구할 수 있다
는 것을 배운 것이죠. 물론 작은 탐험가가
조리대에서 보는 경치를 좋아해서 그러는
것일지도 모릅니다.

왼발잡이, 오른발잡이

대부분의 고양이에게 잘 쓰는 발이 따로 있
다는 걸 알고 있나요? 수컷은 왼발, 암컷은
오른발을 사용하는 경향이 있습니다. 페르
시안은 대개 양발잡이이고, 벵골은 80% 이
상이 왼발잡이죠. 당신의 부엌 털이범은 어
떤 발을 사용하나요? 몇 가지 도전과제를
설정해서 놀거나 간식에 발을 뻗거나 장애
물을 넘을 때 어떤 발을 먼저 내딛는지 확인
해보세요.

어떻게 해야 할까요?

즉각적 대응 방법

- **물총을 버리세요**. 나쁜 인간! 적어도 고
양이는 그렇게 생각할 겁니다. 벌받은
것을 자신의 행동이 아닌 당신과 연관시
켜 당신이 나가주기만 기다릴 거예요.

장기적 대응 방법

- **의미를 알면 행동을 다른 데로 돌릴 수
있습니다**(32~33쪽 참조). 고양이가 안전
이나 전망을 원한다면 근처에 스툴이나
캣 타워를 가져다 놓으세요. 수도꼭지에
서 흘러나오는 물에 끌리는 것이라면 분
수식 급수대로 해결할 수 있겠죠.
- **보상물을 없애세요**. 음식물 찌꺼기를 즉
각 버리고 설거지를 하세요.
- **조리대를 달갑지 않게 만드세요**. 플라스
틱 카펫 매트를 꺼끌꺼끌한 면이 위를
향하도록 올려놓거나 동작 감지 압축 공
기 분사기를 두세요. 이러한 방해물은
당신이 없어도 지속적으로 기능하기 때
문에 효과적입니다.
- **지루함이 문제라면**, 한가로운 발을 바쁘
게 만들고 내면의 약탈 본능을 사로잡으
세요(138~139쪽 참조).

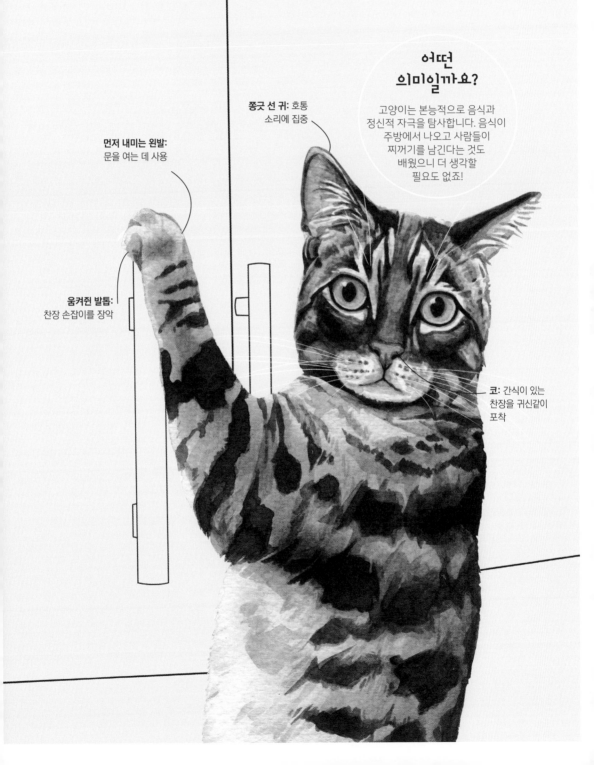

쫑긋 선 귀: 호통 소리에 집중

어떤 의미일까요?

고양이는 본능적으로 음식과 정신적 자극을 탐사합니다. 음식이 주방에서 나오고 사람들이 찌꺼기를 남긴다는 것도 배웠으니 더 생각할 필요도 없죠!

먼저 내미는 왼발: 문을 여는 데 사용

움켜쥔 발톱: 찬장 손잡이를 장악

코: 간식이 있는 찬장을 귀신같이 포착

서바이벌 가이드

즐거운 먹이 잡기

장난감과 퍼즐로 음식을 찾아 먹게 하면 내면의 탐험가를 만족시킬 수 있습니다. 상호적이고 즐거우며 정신과 육체를 자극하기 때문에 건강과 웰빙에 중요합니다.

1
초보자용 퍼즐

첫 시도는 고양이가 배고플 때 하세요. 초보자는 손쉬운 승리가 필요하므로 퍼즐의 절반을 음식으로 채우고 주위에 보너스 간식을 흩뿌리세요. 너무 어렵지 않도록 간격을 넓게 조정하세요.

2
습식이냐 건식이냐

실리콘 핥기 매트나 플라스틱 미로에서 습식 사료를 꺼내 먹는 것은 사냥감을 먹을 때 쓰이는 혀와 턱의 동작을 모방합니다. 건식 사료는 공 모양 퍼즐, 회전형 놀이터, 킁킁 매트, 리필형 '쥐돌이'에 제격입니다.

3
DIY 음식 놀이

일상 폐기물은 상호작용의 무한한 가능성을 제공합니다. 빈 플라스틱 물병에 구멍을 뚫어 돌아가는 간식 디스펜서를 만들거나, 다 쓴 휴지 심 또는 빈 요거트 통에 음식을 숨겨 보물찾기 게임을 시작해보세요.

4
건강상의 이점

장난감과 게임을 통해 음식을 얻는 것은 마치 사냥하는 것처럼 문제 해결, 끈기, 신체활동에 대한 보상이 됩니다. 지루함을 예방하고 스트레스와 질병을 감소시키죠. 또 퍼즐 급식은 음식물 섭취 속도를 늦추고 비만과 구토(160~161, 166~167쪽 참조)의 위험을 줄입니다.

5
노령 고양이, 아픈 고양이

퍼즐은 연령과 능력에 상관없이 모든 고양이의 삶을 풍요롭게 하지만, 기저 질환이 있다면 반복적인 행동이 통증(146~147쪽 참조)을 악화시켜 재미가 좌절로 바뀔 수 있으니 수의사와 상의하세요. 질병(독감, 비강암 등)으로 식욕이나 후각에 영향을 받는 고양이에게는 푸드 퍼즐이 고역일 수 있습니다.

4장

우리 고양이가 왜 이러죠?

정상적이거나 걱정스러워 보이는 행동을
멈추거나 시작하거나 늘리는 것은 스트레스, 통증,
질병, 혹은 이 모든 것의 징후일 수 있습니다.
고양이의 흔한 불평이 당신의 감시망에서
벗어나지 않아야 수의사의 조언을
제때 구할 수 있겠죠.

우리 고양이가 리터 박스에 오래 머물러요

리터 박스에서 구멍을 많이 파며 온종일 웅크리고 있지만, 나중에 보면 거기에 아무것도 없어요. 고양이 변비약이 필요할까요?

왜 이러는 걸까요?

고양이가 화장실을 독차지하는 것은 휴대폰을 확인하거나 좋은 책에 몰두해서가 아닙니다. 이는 심각하고 당신의 도움이 필요한 일이죠. 변비와 설사는 진찰이 필요하다는 신호이지만, 비뇨기 문제는 명확히 긴급 사안입니다. 방광염은 소변의 흐름을 신속하고 완전하게 차단할 수 있는데 —이때 고양이는 이렇게 생각합니다. "오줌이 안 나와!"— 이는 응급 상황이에요. 아무리 모래를 파고 웅크리고 있어 봤자 편안해지지 않기 때문에 방광을 비우려는 끊임없는 충동은 고통스럽고 좌절감만 안길 뿐입니다. 몇 시간 내로 유독한 신장 폐기물과 염분이 혈류에 축적되기 시작하며, 방치하면 결국 방광이 파열될 것입니다.

확대된 동공: 고통과 불안으로 인한 아드레날린의 증가

뒤쪽을 향한 귀: 일을 해결하지 못했다는 좌절감의 표시

> **"**
> 자연의 부름에 응답하는 데 오랜 시간을 보내는 것은 보통 통증, 불안, 또는 갈등 때문에 너무 오래 버티는 것에서 비롯됩니다.
> **"**

비뇨기 문제

고양이의 방광염은 완전히 규명되지 않았지만, 인간의 간질성 방광염과 유사점이 많아요. 방광의 보호막 및 뇌-방광 신경-통증 경로의 결함은 불안을 동반하여 퍼펙트 스톰을 일으킵니다. 중년에 해당하는 나이, 과체중, 수컷, 실내 생활 또는 다른 고양이와의 동거 모두 위험 요소에 해당하죠. 스트레스를 유발하는 사건이 발생하거나 일상 또는 가정 환경에 갑작스런 변화가 생기는 것도 영향을 미치고요.

페르시안: 유전적으로 방광염과 방광 결석의 위험이 큰 품종

낮게 웅크리기: 평소의 배뇨 자세를 상정

어떻게 해야 할까요?

즉각적 대응 방법

- **고양이가 소변을 보는지** 잘 모르겠거나 한밤중일지라도 당장 수의사에게 연락하세요.
- **리터 박스를 확인하여** 무엇이 있는지, 혹은 없는지 살펴보세요. 고양이가 소변을 많이 보거나 거의 보지 않나요? 소변이 분홍빛이거나 핏빛인가요?
- **다른 곳에서 '사고'를 쳤다면** 그 샘플을 모으세요. 샤워 트레이, 싱크대, 욕조 배수구가 인기 명소입니다.

장기적 대응 방법

- **리터 박스를 최적화하세요**(144~145쪽 참조). 비뇨기 문제는 보통 리터 박스를 피하면서 시작됩니다.
  - **불안이나 스트레스의 원인을 줄이고** 잠재적 유발 요인(144~145쪽 참조)을 예측해보세요.
  - **고양이의 보금자리 및 일과의 변화**를 최소화하고 단계적으로 조정하세요. 특히 리터 박스는 물론이고, 전반적으로 신경을 써주세요.
    - **수분 섭취를 늘려주세요.** 물을 약간 첨가하여 건사료 대신 습식 사료를 먹이세요. 다양한 장소에서 여러 가지 방법으로 물을 먹을 수 있게 해주세요(36~37쪽 참조).

우리 고양이가 리터 박스를 더 이상 안 써요

제 이불을 대신 쓰고 있어요! 리터 박스의 끔찍한 냄새를 없애려고 향기 나는 모래를 샀는데 이것 때문에 오줌으로 항의를 하는 건가요?

왜 이러는 걸까요?

안심하세요. 고양이는 앙심을 품거나 보복을 하지 않습니다. 그런 식으로 생각하지 않죠. 검진에서 통증이나 질병이 발견되지 않았다면 이러한 행동은 아마도 불안이나 좋지 않은 리터 박스 경험 때문일 것입니다. 아무리 '얌전한' 고양이일지라도 자신의 영역이나 안전감이 위협받으면 ―변화가 주요 유발 요인이죠― 주저 없이 여기저기서 볼일을 볼 테니까요. 고양이를 불안하게 만드는 날씨나 길고양이를 통제할 수는 없지만, 고양이의 필요에 맞는 실내 용변 경험을 제공해줄 수는 있습니다. 이불이나 카펫을 더럽히기 시작했을 때 대처하는 것보다 예방하는 편이 수월하겠죠.

어떻게 해야 할까요?

즉각적 대응 방법

- **고함치거나 혼내지 마세요.** 스트레스를 더 주면 안 됩니다.

- **버릇이 되지 않도록** 빨리 뒤처리를 하세요 (120~121쪽 참조).
- **고양이의 동기를 파악해보세요.** 리터 박스를 하루에 두 번은 퍼냈나요? 날씨가 유별나게 춥거나 습한가요? 고양이의 영역이나 창문, 방문, 캣 플랩, 울타리 같은 경계에 어떤 변화가 있었나요? 닫힌 문이나 시끄러운 세탁기나 다른 고양이 때문에 접근이 제한되었나요?

장기적 대응 방법

- **리터 박스의 위치를 재검토하고** 필요하면 더 조용하고 한적한 공간으로 옮기세요. 용변은 취약한 행동이므로 고양이가 안전함과 편안함을 느껴야 합니다.
- **옵션으로 뚜껑이 없는 것과 은밀하게**

이불의 오줌 얼룩:
고양이의 환경에 문제가 있다는 분명한 신호

질감에 민감한 발:
부드러운 이불이 새로운 거친 모래보다 더 매력적

어떤 의미일까요?

리터 박스를 사용하고 공유하는 것은 본능이 아닌 학습된 행동입니다. 고양이가 다른 곳에 볼일 보는 것을 말리고 싶다면 리터 박스에 끌리도록 만드는 게 당신의 일이죠.

경계하는 표정: 야단맞을 것을 예상

방광: 더 자주 비워야 한다면 (그리고 리터 박스가 더 빨리 더러워진다면) 대개 질병의 징후

덮인 것을 모두 제공하여 선호하는 리터 박스를 고를 수 있게 하세요.

- **변화를 점진적으로 도입하고 새로운 설정을 만족스럽게 사용하기 전까지는 이전 설정을 유지하세요.** 추가 지침은 아래를 참조하세요.
- **리터 박스 에티켓을 잘 지키세요.** 고양이 한 마리당 한 상자와 여분 하나를 두는 것이 원칙이며, 별도의 방에 위치해야 합니다.
- **페로몬 디퓨저를 사용하여** 차분한 분위기를 조성하세요. 특히 고양이가 리터 박스를 이용하는 동안 겁을 먹거나 동거하는 고양이에게 기습을 받은 적이 있다면 더욱 신경 써야 합니다.

리터 박스 규칙

해야 할 것

- 수용할 수 있는 가장 큰 리터 박스를 구입하기: 고양이의 코부터 엉덩이까지 길이의 1.5배여야 함
- 트레이에 잘 뭉치는 천연 소재 모래를 10~12cm 깊이로 채우기
- 리터 박스를 조용하고 은밀한 장소에 두기: 고양이도 우리처럼 관람객을 좋아하지 않음
- 하루에 최소 두 번 퍼내기
- 리터 박스를 매주 비우고 세척하기

하지 말아야 할 것

- 향기 나는 세척제, 모래 청정제, 또는 향기로운 모래 사용하기
- 빈 상자를 과도하게 세척하기: 냄새의 흔적이 있어야 더 친숙하고 안심이 됨
- 플라스틱 깔판 사용하기: 발톱에 걸림
- 인간 변좌 키트 등의 상술에 넘어가기

고양이 관찰 고급편

통증의 징후

고양이는 통증과 질병(164~165쪽 참조)에 직면해도 '평정심을 유지하고
하던 일을 계속하기' 접근법을 취합니다. 위장의 달인인 고양이는
포식자와 경쟁자에게 발각되지 않으려고 행동을 바꾸지만, 이 때문에
진찰을 요하는 미묘하거나 간헐적인 통증의 징후를 알아채기가
곤란해져요. 이러한 공통적인 징후를 놓치지 마세요.

이동성의 변화

통증이 있는 고양이는 움직임을 조정하여 일과를 고수하고
불편함을 최소화하려는 경향을 보입니다. 달리기보다는
걷거나 절뚝거리며, 높은 곳을 피하거나 뛰어오를 때
망설이거나 서툴거나 중간 착지점을 이용하죠. 장난감, 계단,
캣 플랩, 그리고 리터 박스 모두 너무나 힘겨울 수 있습니다.
또 일어나거나 누울 때 느려지고 뻣뻣해지거나,
긴장하거나 구부정하거나 안절부절못하거나,
평소와 다른 자세로 잘 수도 있어요.

틀어박히기

통증이 있거나 몸이 편치 않거나 불안할 때는 참견하는
사람과 다른 반려동물의 눈과 접촉을 피해 조용한
곳으로 몸을 숨깁니다. 추가적인 피해를 막고 휴식을
취하고 스스로 치유하여 살아남기 위한 시도인
것이죠. 특히 수의사와 약물의 도움을 받을 수
있을 때 이렇게 버티는 것은 장기 전략으로
좋지 않습니다.

과도한 주의 혹은 부주의

치아나 관절이 아프면 먹고 마시거나
그루밍하거나 발톱을 가는 것이
짜증스러울 수 있습니다. 꼬리를 내린 채
인사하거나 벗어나려 하거나 쓰다듬을 때
몸을 올리지 않고 아래로 낮추는 것도
단서가 될 수 있어요. 피부에 경련이
일어나거나 배(방광염이 있을 때), 관절,
부어오른 곳, 상처가 난 곳처럼 통증이 있는
부위를 반복적으로 핥기도 하는데, 그래서
헤어 볼도 통증의 징후가 될 수 있습니다.

발성

침묵은 야생에서는 주의를 끌지 않는
전략이지만, 도움을 줄 인간에게 의존하는
반려동물이라면 그리 도움이 되지
않습니다. 집거나 쓰다듬어서 아픈 부위에
직접적인 압력을 가하지 않는 한 고양이는
야옹거리거나 울부짖거나 으르렁거리지
않아요. 고통스러운 고양이는 앓는
소리를 내거나 끙끙거리거나 심지어
가르랑거릴 수도 있지만, 대부분은
아무런 내색도 하지 않죠.

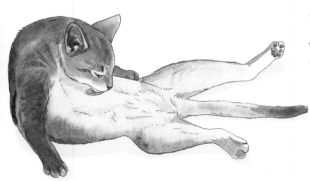

고통스러운 표정

고양이의 안면 표정은 통증을 확인하는
수의사에게 지표가 될 수 있습니다. 고양이가
외상, 수술, 또는 고통스러운 질병에서 회복
중일 때 눈꺼풀이 눌리고 귀의 위치와 주둥이
모양이 미묘하게 변했다면 통증 완화가 더
필요한 것입니다.

우리 고양이는 너무 들러붙고 어리광을 부려요

제가 언제 외출하는지 아는 것처럼 제 모든 행동을 감시하고 그림자처럼 따라다녀요.

왜 이러는 걸까요?

모든 반려묘는 사람과 함께 있어야 하니 당신이 장시간 외출할 때 뒤숭숭해하거나 불만스러운 것이 정상입니다. 당신이 떠나면 고양이의 생활에서 흥미롭고 즐거운 부분이 갑자기 사라지는 것이죠. 당신은 돌아올 것을 알지만 고양이는 그렇지 않아요. 버미즈 같은 매우 사회적인 품종은 당신이 집에 없을 때 특히 힘들어합니다. 당신이 집에서 일할 때 발 옆에 웅크리고 있는 일상적인 행동은 안정감을 주지만, 일과가 바뀌고 홀로 남겨지면 불안과 지루함을 느낄 수 있어요.

> **❝**
> 고양이는 습관의 동물이므로 예측할 수 없는 현대 생활로 인해 불안을 느낄 수 있습니다. 당신에게 들러붙으면 당신의 외출을 예측할 수 있으니 덜 불안할 겁니다.
> **❞**

어떻게 해야 할까요?

즉각적 대응 방법

- **잠에서 깨어나거나 집에 도착하자마자** 칭찬하거나 음식을 주지 마세요. 당신의 부재가 더 두드러질 수 있습니다.
- **집에 도착하면** 퍼즐을 세팅하여 당신이 필요한 일을 하는 동안 집중하게 하세요.
- **질병이 아닌지 확인하세요.** 스트레스 때문에 질병이 생기거나, 질병 때문에 집착 행동을 보일 수 있습니다.

장기적 대응 방법

- **놀이와 휴식 시간을 마련하세요.** 급식 시간 전이 가장 좋습니다. 주말마다 이러한 일과를 유지하세요.
- **당신이 집에 없을 때** 스스로 놀며(182~183쪽 참조) 즐겁게 보낼 수 있도록 가르치세요.
- **안식처를 마련해주세요.** 방 안의 햇볕 잘 드는 자리나 온열 패드 위에 아늑한 침대를 놓아주세요. 창가에 새 모이통이 있거나 특별한 고양이용 음악이 흐르면 당신이 없을 때 즐겁게 지낼 것입니다.

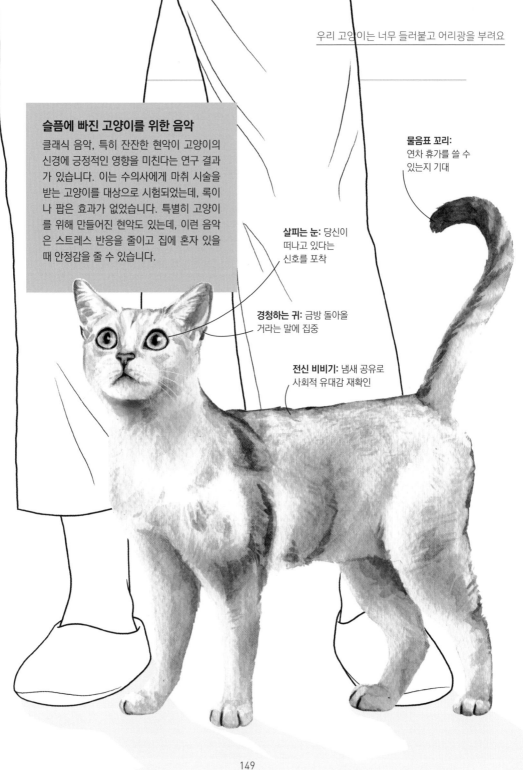

슬픔에 빠진 고양이를 위한 음악
클래식 음악, 특히 잔잔한 현악이 고양이의 신경에 긍정적인 영향을 미친다는 연구 결과가 있습니다. 이는 수의사에게 마치 시술을 받는 고양이를 대상으로 시험되었는데, 록이나 팝은 효과가 없었습니다. 특별히 고양이를 위해 만들어진 현악도 있는데, 이런 음악은 스트레스 반응을 줄이고 집에 혼자 있을 때 안정감을 줄 수 있습니다.

물음표 꼬리: 연차 휴가를 쓸 수 있는지 기대

살피는 눈: 당신이 떠나고 있다는 신호를 포착

경청하는 귀: 금방 돌아올 거라는 말에 집중

전신 비비기: 냄새 공유로 사회적 유대감 재확인

우리 고양이는 동물병원에 가는 걸 싫어해요

동물병원에 가는 내내 울부짖고 헐떡거려요. 캐리어 밖으로 나오면 검사를 얌전하게 받지만 이후 며칠 동안은 토라져서 저를 거들떠도 안 봅니다.

어떤 의미일까요?

인간은 때때로 '포식자'처럼 행동하여 고양이의 태도를 사냥꾼에서 사냥감으로 전환시킵니다. 어떤 식으로든 추적과 포획은 생존 호르몬을 솟구치게 할 수 있습니다.

왜 이러는 걸까요?

고양이는 대부분 수의사에게 가는 것을 싫어합니다. 갑자기 붙잡혀 케이지에 갇힌 채 안전하고 친숙한 집을 벗어나 무섭게 느껴지는 동물병원으로 옮겨지니 당연한 일이죠. 고양이에겐 악몽입니다. 자동차에 타고 감정이 북받친 상황에서 낯선 광경, 소리, 그리고 똑같이 스트레스를 받은 고양이와 '포식자' 개의 냄새로 감각의 롤러코스터가 시작되니까요. 그리고 이내 냉혹한 수의사가 누르고 찔러댑니다. 질병이나 통증에 더해 통제력을 완전히 잃게 되니 불안하고 두렵고 화가 나죠. 고양이에게는 이 모든 것이 힘겹습니다.

어떻게 해야 할까요?

즉각적 대응 방법

- **뒤쫓거나 궁지로 몰지 마세요.** 고양이의 스트레스를 높이고 '먹잇감 모드'를 활성화하니까요. 눈치채지 못하게 하다가 불시에 붙잡으세요.
- **차분함을 유지하고** 부드럽고 안심시키는 어조로 말하세요.
- **병원에 가는 도중에** 마음을 달래주는 클래식 음악을 트세요(148~149쪽 참조).
- **이동하고 대기하는 동안** 캐리어를 수건으로 가려 낯선 광경을 차단하세요. 검사 중에 따뜻함과 친숙한 냄새를 제공하여 안심시키는 담요로도 쓸 수 있습니다. 이것이 고양이가 병원을 극복하느냐 마느냐를 결정지을 수 있죠.

장기적 대응 방법

- **미리 대비하세요.** 고양이를 한 장소에 머무르게 하며 계속 컨디션을 살피세요. 캐리어를 미리 준비하여 충분한 시간을 두세요.
- **스트레스를 가중하지 않을** 온화한 수의사를 찾으세요(152~153쪽 참조).
- **뚜껑이 열리는 플라스틱 캐리어를** 구입하면 닫혀 있을 때도 손가락으로 뺨을 어루만지거나 턱을 문질러 안심시킬 수 있습니다.
- **캐리어를 아늑한 은신처로 인식하도록** 도와주세요. 장난감이나 간식을 이용해 긍정적인 경험과 연관 지으면 좋겠죠.

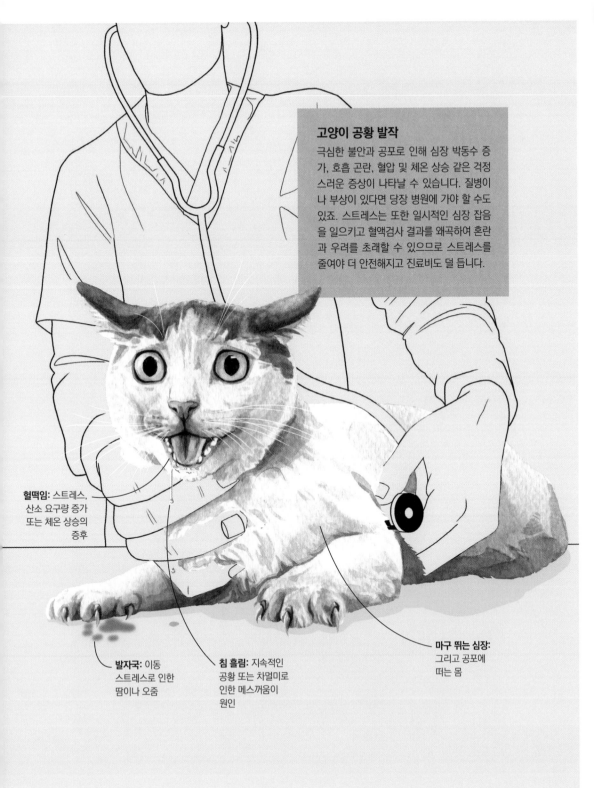

고양이 공황 발작

극심한 불안과 공포로 인해 심장 박동수 증가, 호흡 곤란, 혈압 및 체온 상승 같은 걱정스러운 증상이 나타날 수 있습니다. 질병이나 부상이 있다면 당장 병원에 가야 할 수도 있죠. 스트레스는 또한 일시적인 심장 잡음을 일으키고 혈액검사 결과를 왜곡하여 혼란과 우려를 초래할 수 있으므로 스트레스를 줄여야 더 안전해지고 진료비도 덜 듭니다.

헐떡임: 스트레스, 산소 요구량 증가 또는 체온 상승의 증후

발자국: 이동 스트레스로 인한 땀이나 오줌

침 흘림: 지속적인 공황 또는 차멀미로 인한 메스꺼움이 원인

마구 뛰는 심장: 그리고 공포에 떠는 몸

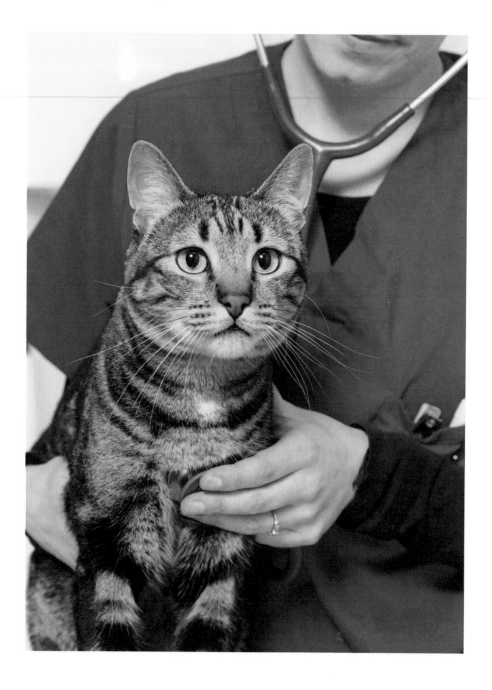

서바이벌 가이드

올바른 수의사 선택하기

고양이의 삶에서 가장 중요한 사람 중 하나는 수의사입니다.
그러니 한층 더 노력하고 자기 고양이처럼 다루고 고양이 웰빙의
모든 측면을 보살필 것이라 믿을 수 있는 수의사를 찾으세요.

1

'캣티튜드'를 갖춘 수의사

시간을 할애하여 당신의 걱정에 귀를
기울이고 당신의 고양이를 특별하게 대해줄
수의사를 찾으세요. 가장 가까운 곳을
선택하기보다는 조금 멀더라도 고양이를
자연스럽게 다루는 수의사를 만나는 게 더
좋습니다. 고양이 전문 가정 방문 수의사는
스트레스를 낮추는 가장 좋은 방법이죠.

2

특별한 기량

자격을 갖추고 지식과 기량을 부단히
연마하는 '고양이 친화적 수의사'를
찾으세요. 동물병원에 개가 없다면
더 좋습니다. 그러한 수의사는 고양이를
다룰 때 스트레스를 최소화하고 신체
건강과 정신 건강의 연관성을 신경 쓸
가능성이 큽니다.

3

좋은 분위기

팀 전체가 긍정적이고 함께
일하는지, 그리고 환경이
차분하고 조용하고
위생적인지 확인하세요.
병원 투어를 예약하고
질문을 던지세요. 좋은
수의사는 대부분 자신이
일하는 방식을 자부심을
가지고 설명합니다.

4

직감을 믿으세요

고양이는 스트레스를 받거나
몸이 편치 않거나 상처를
입으면 사나워집니다.
수의사의 올바른 대응은
이해하고 염려하는 것이죠.
목덜미를 잡거나 '지옥에서
온 고양이'라는 딱지를
붙인다면 시대에
뒤떨어졌다는 신호입니다.

5

평판과 리뷰

동물병원의 웹사이트,
소셜미디어 채널, 온라인
리뷰 사이트를 늘
확인하세요. 친구, 가족,
이웃과 이야기하거나
커뮤니티 포럼에 지역의
좋은 고양이 수의사를
추천해달라고 요청하세요.

우리 고양이는 친구와 자꾸 싸워요

우리 고양이 두 마리는 한배에서 난 형제이고 최근까지 서로 앞발 한 번 추켜올린 적이 없어요. 그런데 동물병원에 다녀온 후로 처음으로 싸우기 시작했습니다. 질병이 관계에 영향을 줄 수 있나요?

왜 이러는 걸까요?

미묘한 표정을 짓거나 노려보거나 출입구 근처 또는 층계참에 일부러 대자로 눕는 것이 인간의 레이더망에 잡히지 않을 뿐, 사실 가장 친한 친구들도 종종 다투곤 합니다. 고양이가 취약하다고 느끼거나 통증이나 질병 때문에 행동이 달라지기 시작할 때도 긴장이 고조될 수 있어요.

고양이에게는 친숙한 냄새가 중요합니다. 질병이나 약물로 입김과 소변에 변화가 생기면 이상기류를 놓칠 리 없고, 수의사 냄새가 불쾌한 기억을 소환하죠. 이와 동시에 자리를 비운 고양이의 집단 냄새와 영역 표시는 희미해지고, 남은 고양이는 좋아하는 자리를 탐내거나 빼앗습니다.

영원한 친구?

고양이끼리 핥고 문지르는 것은 대개 유대를 강화하고 집단 냄새(76~77쪽 참조)를 만드는 친근한 몸짓입니다. 꼬리를 세우고 코를 맞대며 유쾌하게 인사하거나 함께 놀거나 낮잠을 자는 것도 좋은 분위기라는 신호죠. 그러나 같은 집에 살고 자원을 공유하는 고양이 사이에 다툼이 없다고 해서 친한 친구라고 착각해서는 안 됩니다.

어떻게 해야 할까요?

즉각적 대응 방법

- **방치하지 마세요**. 저희들끼리 '알아서 해결하도록' 두지 말고 신속하게 다툼의 원인을 짚어내세요.
- **주의를 분산시키세요**. 간식 통조림을 흔들되 주지 않거나, 쿠션으로 시선과 신체 접촉을 차단하는 식으로 보상이나 위협이 되지 않도록 하세요.
- **자원을 따로 제공하여** 24~48시간 동안 떨어져 있게 하고 상처나 무기력증이 있는지 살펴보세요. 서서히 '새로운 반려동물'(112~113쪽 참조)로 다시 어울리게 하고 48시간 동안 관찰하세요.

장기적 대응 방법

- **고양이가 일시적으로 집을 비우면** 남은 고양이(들)와의 역학 관계가 재조정된다는 것을 인지하세요.
- **분쟁을 예방하는** 것이 그 뒤처리를 하는 것보다 쉽습니다. 동물병원 방문 등의 유발 요인을 예측하고 익숙하지 않은 냄새를 씻어내게 하세요.
- **고양이는 공간과 자원이 충분할 때만** 사회집단을 형성합니다. 두 가지를 충분히

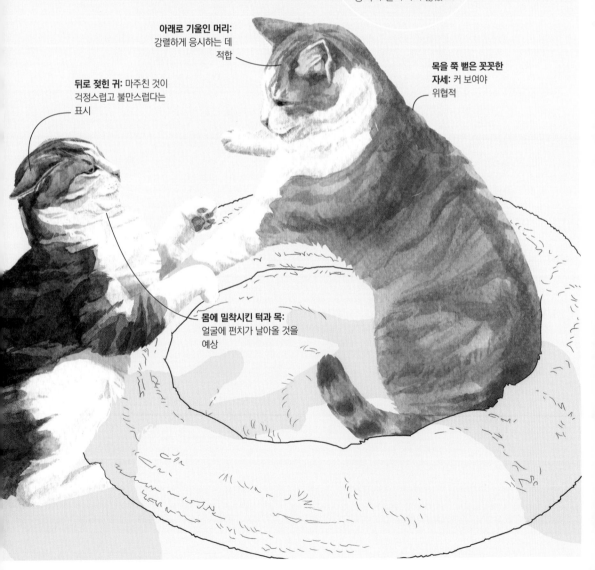

제공하여(46~47, 156~157쪽 참조) 고양이 간의 친목을 도모하세요.

- **냄새 문지르기**와 플러그 접속식 페로몬 디퓨저를 공유하면 역학 관계의 변화를 상쇄할 수 있습니다(14~15쪽 참조).

어떤 의미일까요?

고양이의 '우정'은 변덕스러울 수 있습니다. 생존에 필수적이지 않고 자원 공유를 선호하지 않기 때문에 차이점을 조화시키는 능력이 진화되지 않았죠.

아래로 기울인 머리: 강렬하게 응시하는 데 적합

뒤로 젖힌 귀: 마주친 것이 걱정스럽고 불만스럽다는 표시

목을 쭉 뻗은 꼿꼿한 자세: 커 보여야 위협적

몸에 밀착시킨 턱과 목: 얼굴에 펀치가 날아올 것을 예상

서바이벌 가이드

고양이 여러 마리의 조화

어떤 고양이는 혼자 잘 지내지만, 또 어떤 고양이는 친구와 함께해야 더 행복해 보입니다. 친밀한 집단을 이루는 것이 힘들 수 있으니 고양이가 정말 다 함께 행복한지(#HappyTogether) 살펴보세요.

1
사랑꾼 고양이

고양이 여러 마리의 조화는 단지 물리적 폭력이 없는 것을 뜻하지 않습니다. 꼬리를 세우고 코를 접촉하고 얼굴이나 몸을 문지르면서 다정하게 인사하기를 기대하세요. 함께 놀거나 바싹 붙어 있거나 서로 씻겨주는 것도 모두 긍정적인 분위기를 나타냅니다.

2
영역 다툼

음성적·물리적 위협과 무장 공격은 갈등이 명백하지만, 긍정적인 상호 작용이 전혀 보이지 않는 것도 좋지 않은 신호입니다. 빤히 쳐다보거나, 다른 고양이의 자유로운 이동이나 자원에 접근하는 것을 방해하는 등 은근한 위협은 없는지 살펴보세요.

3
충분한 몫

삶은 경쟁이며 제한된 공간이나 자원은 위험을 높입니다. 고양이의 보금자리(46~47쪽 참조)는 고양이가 늘어날 때마다 더 잘 기능해야 하므로 개별적으로 분리된 자원을 제공하고 여분을 추가해주세요.

4
조언 구하기

고양이가 스스로 해결하도록 방치하는 것은 재앙의 지름길입니다. 수의사에게 통증이나 질병을 확인받고 조언을 구하고 좋은 고양이 행동 전문가(190쪽 참조)를 추천받으세요. 작은 것이 큰 차이를 만들 수 있으니 수고할 만한 가치가 있습니다.

5
스트레스

무리 내 문제의 조짐은 '겁쟁이' 행동(122~123쪽 참조), 같은 방에 있지 않기, 질병(164~165쪽 참조), 스크래칭, 스프레이, 리터 박스 문제처럼 때로 불분명합니다.

우리 고양이는 식성이 까다로워요

잘 먹다가도 다음에는 퇴짜를 놓아요. 최고의 고양이 사료만 사주는데
왜 이렇게 까탈스러울까요?

왜 이러는 걸까요?

음식이 식사의 전부는 아닙니다. 시끄럽고
정신없는 식당에 있는데 옆 테이블의 손님
이 끊임없이 당신을 곁눈질하고 심지어 접
시에서 음식을 집어 간다고 상상해보세요.
이보다 더 분위기 깨는 일이 있을까요? 이
와 비슷한 일이 다른 반려동물과 함께 사
는 고양이에게 불안의 원인이 될 수 있습
니다(110~111쪽 참조). 식당의 비유를 계속
하자면, 익숙한 것이 편안한 사람은 자주
같은 테이블을 예약하고 매번 같은 메뉴를
고르겠지만, 또 다른 사람들은 늘 새로운
것을 시도하려고 합니다. 우리에게 식품
기호와 편안한 장소가 있듯이, 고양이도
마찬가지인 거죠.

쓴 알약

연구에 따르면 고양이의 미뢰는 아미노산(단
백질 구성 요소), 쓴맛, 짠맛은 감지하지만,
단맛은 느끼지 못합니다. 고양이는 감수성이
예민하여 한 번의 불쾌한 경험 때문에 같은
음식을 다시는 먹지 않을 수 있으므로 쓴맛이
나는 알약과 물약을 음식에 숨겨서는 안 됩니
다. 맛있는 페이스트와 퍼티를 사용하여 위장
하는 법을 수의사에게 문의하세요.

어떻게 해야 할까요?

- **수의학적인 이유가 있지는 않은지 확인**
  하세요. 식욕의 작은 변화도 놓치지 마
  세요. 통증, 메스꺼움, 질병, 스트레스는
  처음에는 '까탈스러움'으로 비칠 수 있
  으니 진찰을 받게 해주세요.
- **적은 양을 더 자주 주세요**. 고양이는 소
  식하도록 설계되었기 때문에 몇 입만 먹
  고 떠나도 까다로운 것이 아닙니다. 이
  는 또한 음식이 상하여 파리가 끓는 것
  을 방지하죠.
- **음식을 억지로 먹이지 마세요**. 단지 취
  향 때문일지도 모르지만, 어떤 고양이는
  새끼고양이 시절에 새로운 음식을 싫어
  하도록 배웁니다(18~19쪽 참조). 다른 고
  양이는 다양하게 좋아해서 영양 균형을
  극대화하거나 독소 또는 기생충의 축적
  을 자연스럽게 방지할 수 있죠.
- **친숙한 음식과 함께** 접시 가장자리에 새
  로운 음식을 조금씩 곁들이면 부담이 덜
  할 수 있습니다.
- **냉장한 찬 음식을 그대로 주지 마세요**.
  '먹잇감 온도'(37℃)가 가장 좋습니다.
- **고양이의 식사 환경과** 심리적 스트레스
  의 영향을 고려하세요(128~129, 166~
  167쪽 참조).

> "
> 메스꺼움이나 질병으로
> 인해 특정 음식에 부정적인
> 연관이 생기면 계속해서 그 음식을
> 거부할 것입니다.
> "

어떤
의미일까요?

음식의 냄새, 맛, 질감을 세심히
살피면 안전을 확보할 수
있습니다. 병들거나 유독한
먹잇감을 삼키지 않는 것은
'까다로움'이 아니라 격세
유전 때문입니다.

**하소연하듯
바라보는 눈:** 좋은
음식을 가져오라고
촉구

코: 맛볼 가치가
있는지 판단하기에
앞서 음식의
신선도를 감지

많은 양의 음식: 반감이
생길 수 있으니 적게 자주
먹이는 것이 상책

두 개의 그릇: 먹는 장소와
마시는 장소의 분리를
선호하는 고양이에게는
매력 없음

우리 고양이가 퉁퉁해졌어요

수의사는 우리 고양이가 과체중이며 조기 발병 관절염과 당뇨병의
위험이 있다고 경고합니다. 그냥 '뼈대가 굵다'고 우겼는데,
더 주의 깊게 들었어야 했나 봐요.

왜 이러는 걸까요?

몸집이 크거나 펑퍼짐한 품종은 수많은 건
강 문제를 일으키고 수명이 짧은 운명을
타고났습니다. 뛰어오르기, 그루밍, 놀기
같은 정상적인 활동도 육체적으로 힘들어
고양이가 좌절감을 느끼죠.

오늘날 반려묘는 우리가 제공하는 풍
부하고 맛있는 즉석식품을 먹으며 편안하
게 지낸다고 생각될지도 모릅니다. 하지만

우리가 고양이의 주 종목인 쥐 잡기와 운
동을 단념시키기 때문에 우리가 기르는 고
양이들 절반이 과체중입니다. 더 행복해진
것이 아니죠.

고양이는 기회주의적 탐식가이며 보통
필요한 것보다 더 많이 먹습니다. 불안하거
나 외롭거나 지루한 고양이는 위안을 얻으
려고 먹거나 폭식을 할 수 있죠(166~167쪽
참조). 인간은 사료와 맛있는 간식으로 애정

우리 고양이의 체형은?

이상적인 평균 체중은 3.5kg과 4.5kg 사이입니다.
수의사는 고양이의 옆 체형과 갈비뼈와 척추뼈 위로 만져지는
지방의 범위를 결합한 '신체충실지수(BCS)' 체계를 이용합니다.

갈비뼈와 척추뼈:
근육층 아래 느껴짐

갈비뼈와 척추뼈:
둘 중 하나가 잘
느껴지지 않음

배: 최소한의 지방으로 팽팽함

배: 둥근 '배불뚝이' 지방층

이상적인 '야생형': BCS 3/5

과체중: BCS 4/5(이상 체중 10% 초과)

을 표현하지만, 이는 위험한 조합입니다.

어떻게 해야 할까요?

- **사료를 바꾸거나 줄이기 전에** 수의사에게 조언을 구하세요. 식이요법으로 특정 질병이 개선될 수 있으며, 지방간이 있는 고양이는 열량 섭취가 너무 빨리 줄어들면 죽을 수 있습니다.
- **수분과 단백질이 풍부하고 균형 잡힌 '완전' 식품을** 고집하고 물 몇 스푼 첨가해주세요.
- **건사료를 제한하세요.** 열량이 높고 탈수를 촉진하며 보통 고기나 생선 함량이 적습니다.
- **제조업체가 제시하는** 급식량 범위에서 최소량을 주세요.

- **하루 급식량을** 한 번의 '양껏 먹을 수 있는 뷔페식'이 아닌 여러 번의 식사로 적게 나누어 제공하세요.
- **간식의 열량은** 일일 섭취 열량의 10%를 넘지 않아야 합니다.
- **음식을 찾아 먹게 하세요.** 열량이 소모되고 천천히 먹게 됩니다(138~139쪽 참조).
- **놀이로 해소해주세요.** 나태함과 비만을 일으키는 지루함과 스트레스를 덜어줄 수 있고, 열량 소모가 재밌어집니다(182~183쪽 참조).

어떤 의미일까요?

살찐 살쾡이는 없습니다. 사냥으로 열량을 소모하니까요. 살찐 고양이는 먹이를 스스로 구하지 않습니다. 질병을 예방하기 위해 섭식과 활동을 조절하는 것은 우리의 몫이죠.

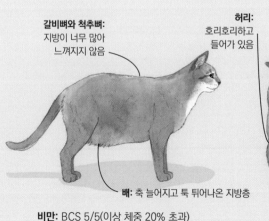

갈비뼈와 척추뼈: 지방이 너무 많아 느껴지지 않음

배: 축 늘어지고 툭 튀어나온 지방층

비만: BCS 5/5(이상 체중 20% 초과)

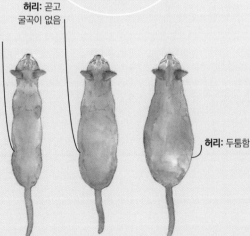

허리: 호리호리하고 들어가 있음

허리: 곧고 굴곡이 없음

허리: 두툼함

우리 고양이가 바람을 피워요

우리 고양이는 향수 냄새를 풍기며 집에 늦게 들어옵니다. 돈으로 살 수 있는 모든 것을 줬는데 왜 저를 버렸을까요? (#KittyHeartbreak)

어떤 의미일까요?

고양이는 자신의 영역을 선택하고 통제하기를 선호합니다. 영역에는 믿을 만한 음식, 깨끗한 물, 위협의 부재, 언제든 사람과 어울릴 자유, 그리고 고양이로서 필요한 공간이 갖춰져야 하죠.

왜 이러는 걸까요?

고양이가 당신을 떠났다면 아마도 나이가 더 많은 사람을 찾았을 거예요. 일과 사교 활동으로 바쁜 젊은 사람은 대부분 고양이에게 아낌없이 쏟을 시간이 적고 불규칙한 경향이 있지만, 고양이에게 인간과의 소통은 영역 확보나 사냥 같은 다른 욕구를 충족시키는 것만큼 중요합니다. 처음에는 호기심 때문에 먼 곳으로 모험을 떠났을지 모르지만, 이러한 밀회를 지속하는 데는 분명한 이유가 있는 거죠. 향수를 뿌린 사람이 달콤한 말을 속삭이고 적절한 부위를 어루만지며 신선한 연어를 먹일지도 모르니까요.

기본으로 돌아가기

고양이는 타고난 행동을 표출할 수 있는 일상, 통제, 선택, 자유, 그리고 공간을 원합니다. 고양이의 기본적인 욕구가 충족되고 있나요? 제공받는 것이 기대에 미치지 못하거나 당신이 필요할 때 없다면, 다른 곳을 찾는 걸 탓할 수 있을까요?

어떻게 해야 할까요?

사설탐정을 고용하기 전에 다음 몇 가지를 생각해보세요.

• **고양이를 집에 돌아오도록** 가르칠 수는 있지만, 머무는 동안 그만한 가치가 있도록 해야 합니다(10~11, 46~47쪽 참조).
• **당신이 너무 트렌디하지는 않나요?** 인테리어가 모던하고 미니멀하면 앉아서 쉬거나 숨을 장소가 부족할 수 있는데, 특히 고양이가 두 마리 이상인 경우(156~157쪽 참조) 문제적 상황일 수 있어요.
• **문제는 고양이가 아니라 당신입니다.** 불륜의 실체가 무엇인가요? 고양이가 무언가를 얻거나 피하기 때문인가요(32~33쪽 참조)?
• **사랑한다면 놓아주세요.** 고양이가 이웃의 다른 집에서 진정으로 더 행복하다면 공동으로 보살피는 것을 고려해볼 가치가 있습니다. 이웃에게 다가가 즐거운 대화를 나누면서 고양이가 사랑받지만 한 눈을 팔고 있다고 하소연해보세요.

> **"**
> 목걸이에 전화번호와 함께
> "특별식을 먹습니다"라고
> 적어두면 '바람 상대'가
> 음식을 주지 않을 겁니다.
> '특별'이라는 말을 사랑이
> 듬뿍 담겼다는 뜻으로
> 썼을지라도요.
> **"**

근무를 쉬고 있는 귀:
개와 아이가 없는
공간에서 휴식

부드러운 눈:
완전히
이완되었다는 표시

연어로 가득 찬 배:
취약한 면을 노출

자신만의 공간:
다른 반려동물의
불쾌한 냄새가
안 나서 쾌적

고양이 관찰 고급편

질병의 징후

장기간에 걸친 공포, 불안, 좌절, 또는 통증은 몸과 마음을 갉아먹을 수 있습니다. 싫어하는 동물과 같이 살거나 당신이나 보금자리로부터 필요한 것을 얻지 못하는 고양이는 괴롭고 몸이 편치 않게 될 공산이 크죠. 스트레스와 관련된 상태의 초기 징후를 발견하면 상황이 악화되기 전에 도움을 구해야 합니다.

면역 체계 결함

스트레스 호르몬은 고양이의 면역 체계를 억제하여 감염에 더 취약하게 만들고 암, 알레르기, 그리고 내장, 요로, 피부의 염증 발생 위험을 높입니다. 이러한 질병의 증상은 다양하지만, 대부분은 식욕 부진, 체중 감소, 체력 저하가 초래되고 감염으로 인해 발열이 나타나기도 합니다.

요로 문제

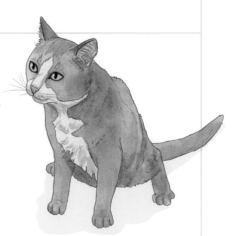

스트레스를 받은 고양이의 뇌는 방광에 신호를 보내 염증과 통증을 악화시키고 방광염을 유발할 수 있습니다. 불안을 느끼는 고양이는 자주 숨고 물그릇이나 리터 박스에 가지 않으려 합니다. 그 결과 정체되고 탈수된 소변이 방광을 자극하고 팽창시키죠. 염증, 결정, 결석, 그리고 혈액이 고통스럽고 치명적인 요로 폐색(142~143쪽 참조)을 일으킬 수 있습니다.

위장 문제

장기간의 스트레스는 위산의 생산을
증가시켜 소화관의 내벽을
손상시킵니다. 과민성 대장 증후군에
걸린 것처럼 소화관의 정상적인 혈류와
운동을 방해하고 '우호적인' 장내 세균의
균형을 깨뜨리죠. 이 때문에 위와 장의
내벽이 더 취약해져 염증과 궤양이 쉽게
생깁니다. 구토나 간헐적 설사 같은
징후가 나타날 수 있는데,
특정 유형의 음식을 섭취하면 악화되어
체중 감소로 이어질 수 있어요.
소화관의 통증과 메스꺼움은
식욕 감퇴를 유발하기도 합니다.

피부 상태

스트레스를 받은 일부 고양이는 일종의
신경성 습관으로 자신을 반복적으로 핥고
긁습니다. 면역 체계에 장기적인
스트레스가 가해져 음식, 꽃가루,
집먼지진드기 등으로 알레르기를 앓는
고양이도 있고요. 강렬하고 지속적인
가려움증을 유발하는 모든 질병은
그 자체로 고양이를 지치게 하고
스트레스를 가중시킵니다. 번거롭지만,
딱지, 부스럼, 물집, 농포, 종기 등
피부 병변이 있는지 확인하세요.

꿀팁: 고양이에 대한 전반적 이해도가
높으며, 약 처방뿐만 아니라 보금자리와
정신 건강의 개선도 고양이의 기분을
나아지게 한다는 것을 아는 수의사를
선택하세요(152~153쪽 참조).

우리 고양이는 허겁지겁 먹고 금세 토해요

너무 빨리 먹어서 사실상 음식을 들이마시고는 몇 분 후 주로 러그 위에 전부 게워냅니다. 심지어 그걸 다시 먹기도 하는데 옆에서 보자니 괴로워요.

왜 이러는 걸까요?

게걸스럽게 먹은 음식을 곧바로 게워내면 식탐쟁이라는 생각이 들기 쉽지만, 이는 불안한 빨리 먹기의 징후인 경우가 많습니다. 게걸스럽게 먹는 것은 새끼고양이 시절에 배웠거나 곤경에 빠져 굶주린 경험에서 비롯된 습관일 수 있어요. 식사를 둘러싼 고양이끼리의 긴장이나 그들 세계(당신의 집)의 다른 불안 요소 때문이기도 하죠. 불규칙하거나 드물게 먹이를 주면 고양이가 불만스럽고 허기지게 되어 음식을 주자마자 게걸스럽게 먹어 치울 수 있습니다. 위장에 닿기도 전에 소화되지 않은 채로 토해내어 모양과 냄새와 맛이 충분히 먹을 만한 거죠.

어떻게 해야 할까요?

즉각적 대응 방법

- **치우기 전에** 색깔과 질감을 살피고 모피, 플라스틱, 끈 같은 것이 섞여 있지는 않은지 확인하세요. 고양이가 마지막으로 언제 먹었는지, 그리고 전후에 무슨 일이 있었는지 기록하고 사진도 찍어두세요. 수의사가 스트레스와 기저 질환 중 무엇이 원인인지 진단하는 데 도움이 될 테니까요.

- **음식을 더 제공하되** 한 번에 한 스푼씩 한 시간 간격을 두세요. 천천히 조금씩 먹은 후에도 같은 일이 벌어진다면 폐색이 원인일 수 있으니 수의사에게 바로 연락하세요.

장기적 대응 방법

- **진찰을 받게 하세요.** 음식을 너무 급히 먹는 것은 통증(주로 입이나 목) 또는 특정 질병의 징후일 수 있습니다. 식습관의 변화가 도움이 될지 의논하세요.

- **퍼즐 피더를 사용하여** 천천히 먹도록 유도하세요(138~139쪽 참조). 소량의 식사를 자주 제공하여 배고픔과 불만을 달래주세요.

- **섭식과 관련된 불안을 줄여주세요**(158~159쪽 참조). 밥그릇과 물그릇을 리터 박스에서 멀리 떨어진 곳에 두세요. 냄새가 당연히 불쾌하니까요. 바닥보다 높은 곳에서 먹어야 더 안전하다고 느끼는 고양이도 있습니다.

- **싹을 자르세요.** 스트레스는 소화기 질환과 구토를 유발하므로 해결되지 않으면 반복됩니다.

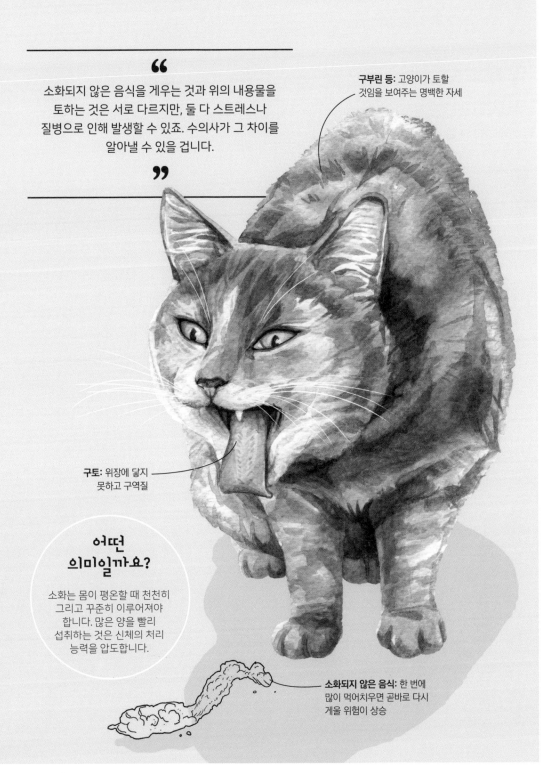

구부린 등: 고양이가 토할
것임을 보여주는 명백한 자세

구토: 위장에 닿지
못하고 구역질

어떤
의미일까요?

소화는 몸이 평온할 때 천천히
그리고 꾸준히 이루어져야
합니다. 많은 양을 빨리
섭취하는 것은 신체의 처리
능력을 압도합니다.

소화되지 않은 음식: 한 번에
많이 먹어치우면 곧바로 다시
게울 위험이 상승

우리 고양이가 손님을 차별해요

고양이를 좋아하는 친구들이 오면 까칠하거나 냉담하지만,
무관심한 배관공에게는 애정 공세를 퍼부어요. 이게 무슨 일이죠?

왜 이러는 걸까요?

당신도 가끔은 손님 접대가 귀찮게 느껴지지 않나요? 고양이도 마찬가지입니다. 집에 찾아오는 사람은 서로 다르죠. 고양이는 이러한 특징을 시각뿐 아니라 청각, 후각 등 모든 감각을 동원해 느낍니다.

개인의 비언어적 신호도 접근성에 상당한 영향을 미칠 수 있습니다. 고양이를 기르지 않는 사람은 다른 고양이의 냄새가 묻어 있지 않습니다. 또 고양이의 관심을 끌거나 눈을 맞추려고 잘 시도하지 않기 때문에 고양이는 더 편안해지고 타고난 호기심을 발동시키죠. 결국 누구에게 '캣 피플'이라는 영광을 베풀지 결정하는 것은 고양이의 특권입니다.

어떻게 해야 할까요?

즉각적 대응 방법

- **손님에게 고양이를 무시하도록** 요청하세요. 고양이에게 스스로 결정할 시간이 주어질 것입니다.
- **관심을 유도하세요.** 방문객의 호주머니에 고양이가 좋아하는 먹거리를 넣어보세요.
- **상호 작용을 지켜보세요.** 고양이가 관심을 즐기지 않거나 '심술궂은' 고양이의 초기 신호(102~103쪽 참조)를 보이면 누군가 다치기 전에 그 상황을 중지시키고 주의를 분산시키세요.
- **선택권과 통제권을 주면** 달려드는 것을 방지할 수 있습니다. 고양이에게 쉬운 탈출 경로를 확보해주세요.
- **퍼즐 피더를 설치하여** 정신을 쏟게 하세요. 보거나 냄새 맡지 않고도 방문객의 소음에 적응할 수 있습니다.
- **고양이에게 방문객은 이상한 냄새가 날 것이므로** 도착하면 친숙한 비누로 손을 씻고 가방과 신발을 치워두도록 부탁하세요.

튀기는 꼬리:
격양되어 마구
흔드는 상황

손님의 교전 규칙

1. **초대받기를 기다리세요.** 무작정 달려들지 마세요. 항상 고양이가 먼저 다가오게 하세요.

2. **공감하세요.** 고양이의 요구를 존중하고 자신의 요구를 강요하지 마세요.

3. **신호를 읽으세요.** 고양이의 음성적 신호와 미묘한 보디랭귀지는 더 많은 관심을 달라는 것과 방해하지 말라는 것 중 하나일 테니 주의를 기울이세요.

4. **박수 칠 때 떠나세요.** 모든 좋은 관계는 시간이 걸리기 마련이므로 소통을 짧게 하고 너무 빨리 너무 많은 것을 기대하지 마세요.

어떤 의미일까요?

영역을 중시하는 포식 동물인 고양이는 '초대받지 않은' 손님, 특히 다른 고양이의 냄새를 풍기는 고양이 마니아를 천성적으로 경계합니다. 경쟁자를 피하도록 프로그램되어 있으니까요.

번뜩거리는 백옥 치아: 방문객이 모든 경고를 무시하므로

주름지고 씰룩거리는 피부: 초대받지 않은 쓰다듬기는 언짢은 자극일 뿐

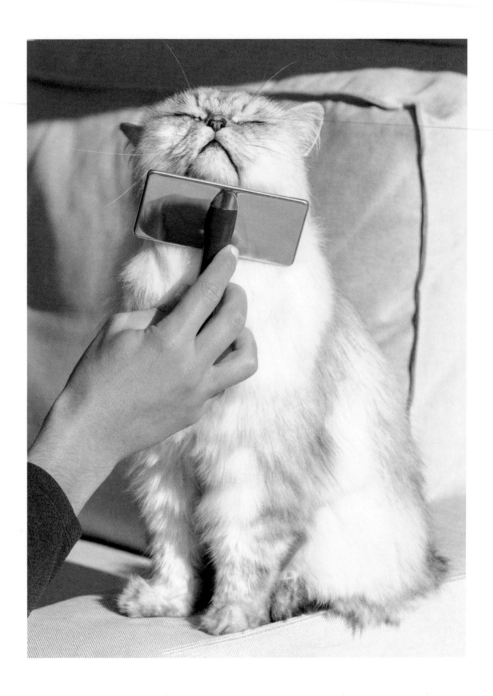

털 손질 잘하기

행복하고 건강한 고양이는 그루밍으로 털을 완벽하게 관리하지만,
피모가 촘촘하고 길거나 평소보다 털이 더 많이 빠지거나 몸이
불편하다면, 뭉침과 엉킴을 방지하기 위해 도움이 필요할 겁니다.

1

DIY 털 손질 키트

고양이용 빗, 끝이 부드러운 브러시나 슬리커 브러시, 또는 실리콘 '브러시'만 사용하세요. 모두 피모 유지에 부드럽고 효과적입니다. 뭉친 털을 손가락으로 살살 풀고 가위는 피부에 상처를 내기 쉬우니 피하세요. 솔질 후 젖은 손으로 쓸어내려 빠진 털을 제거하고 그루밍 후의 헤어볼을 방지하세요.

2

조심히 다루기

먼저 새끼고양이나 고양이가 차분하고 편안할 때 일상적인 문지르기와 쓰다듬기를 즐길 수 있도록 훈련시키세요. 그런 다음 먹거리로 보상하여 털 손질 키트와의 긍정적인 상호작용을 이끄세요. 속털을 작은 부분씩 나눠 손질하여 털을 세게 잡아당기지 않도록 하세요. 짧고 유쾌한 시간을 갖는 게 좋습니다. 고양이의 인내심을 한계로 몰아붙이지 마세요.

3

건강 측정기

좋지 않은 피모 상태는 불안, 비만, 영양실조, 또는 다른 기저 질환의 징후가 될 수 있으며, 털이 엉키면 불편합니다. 털 손질을 했을 때 '성미가 고약해' 보이는 고양이는 겁을 먹었거나 몸이 편치 않거나 통증이 있거나 나이가 든 것입니다. 동물병원에 검진을 예약하고 엉킨 털을 제거해야 할 것 같다고 말하세요.

4

발톱 손질

집고양이나 노령의 고양이에게는 정기적인 발톱 손질이 도움이 될 수 있으니 수의사에게 방법을 알려달라고 하세요. 긍정적인 연관을 이용하여 발 점검을 허용하도록 자주 유도하고 발톱 손상, 두꺼워짐, 과잉 성장의 징후가 있는지 확인하세요. 결국 발톱깎이를 사용해야겠지만, 관절염과 과도하게 자란 발톱은 매우 고통스럽다는 것을 알고 계세요.

우리 고양이는 결벽증 환자예요

고양이가 아플 때 씻지 않는다는 걸 알고 있지만, 우리 고양이는 정반대의
문제가 있어요. 뭔가 잘못된 건가요, 아니면 그냥 깔끔을 떠는 건가요?

왜 이러는 걸까요?

씻는 것은 깨끗함과 단정함을 유지하는 정
상적인 행동입니다. 보통 깨어 있는 시간
의 절반을 차지할 만큼 스스로 매우 꼼꼼
하게 씻기 때문에 다른 동물에게서 옮았거
나 혀를 과도하게 놀려 털이나 피부가 손
상되지 않는 이상 벼룩 같은 외부 기생충
이 좀처럼 눈에 띄지 않죠.

　　고양이는 (알레르기처럼) 피부 가려움,
비정상적인 신경 감각, 통증을 유발하는
질환 때문에 지나치게 그루밍할 수 있습니
다. 순전히 스트레스로 인해 피부 병변이
생겨 그 부위를 더 핥는 고양이도 있고요.
지나친 그루밍은 고양이 강박증의 증상으

로, 갈등이나 불안에 대한 좌절감이나 자
기 진정 반응에서 비롯될 수도 있습니다.
복잡한 문제이므로 수의사와 상의하세요.

어떻게 해야 할까요?

즉각적 대응 방법

- **보디랭귀지를 확인하세요.** 단지 정상적
  인 식후 자기 관리인가요, 아니면 통증
  이나 고충에 대한 반응일 수 있나요? 불
  안해하며 리터 박스를 더 자주 사용했
  나요, 아니면 다른 고양이와 옥신각신
  했나요?
- **대상 부위에 주목하세요.** 잘 닿지
  않는 부위의 과도한 그루밍은 통

혀의 멀티태스킹

고양이의 가시 돋친 혀는 다양한 기능을 수
행합니다. 사냥감의 뼈에서 살을 발라내어
먹는 데 불가결하고, 식후 몸을 씻는 데도 필
수적이에요. 거친 표면은 상처 잔해물을 닦
아내고 기생충을 없애고 가려움을 가라앉히
고 털을 빗질하며, 침은 치유력이 있고 피부
를 식힐 수 있습니다. 고양이의 혀는 천연 상
처 세정제로 여겨질 수 있지만, 치유, 감염,
손상 간에 균형을 이루는 작용을 합니다.

뒤쪽을 향한 가시:
혀가 지날 때마다
털을 빗질

증이나 질병 때문일 가능성이 큽니다.
배나 은밀한 부위를 지나치게 씻는 것은
놓쳐서는 안 될 단서죠. 수컷 고양이의
방광염은 생명을 위협할 수 있어요.

장기적 대응 방법
• **차분하고 예측 가능한 삶을 영위하도록**
해주세요. 생활 방식이나 환경 변화, 다
른 고양이와의 충돌 같은 스트레스가 많
은 상황을 해결하세요(156~157쪽 참조).

어떤
의미일까요?

과도한 그루밍은 고양이가
특별한 문제를 해결하는 방법일
수 있으며, 스트레스인지
갈등인지 통증인지 질병인지
문제의 원인을 알아내야
합니다.

자국 발견: 털에
묻은 설사

아랫배: 이 부위를
과도하게 핥으면 방광염의
위험 신호

우리 고양이는 온 몸을 긁어대요

가려움증이 지속되면 긁고 물어뜯어요. 이빨로
꼬리 밑을 파고들고는 털을 뽑으려 하기도 합니다.
괜찮아 보이는데, 아마도 그냥 벼룩이겠죠.

어떤 의미일까요?

살캥이는 앞니로 물어뜯거나 뒤
발톱으로 긁거나 거친 표면에
문질러 가려움증의 가장 큰
원인인 기생충을
제거합니다.

좀이 쑤시며 약간 납작해진
귀: "이 지긋지긋한
가려움증!"

**비표준 피모를 가진
고양이:** 데본렉스가
대표적이며 헤어리스
품종과 더불어 피부
질환에 취약

치명적인 발톱:
자상 행위를 초래

신속 분리형 목걸이:
벼룩에게 이상적인
어두운 은신처를 제공

벼룩 배설물:
좋아하는 잠자리에
산재

왜 이러는 걸까요?

긁는 것은 가려움증을 가시게 하는 데 도움이 되지만, 실랑이 같은 예상치 못한 상황에서도 유발될 수 있습니다. 다른 고양이를 쫓아내거나 줄행랑치는 대신에 자신을 긁거나 물어뜯거나 핥기도 하니까요. 이런 식으로 안절부절못하는 것은 우리가 손톱을 물어뜯는 것에 해당하며, 이로써 갈등에서 주의를 돌리거나 갈등을 모면하고 긴장을 낮출 수 있습니다.

어쩌다 가끔 긁는 것이 아니라면 벼룩 같은 기생충을 비롯하여 갈등, 스트레스, 또는 질병이 원인일 수 있습니다. 고양이가 긴장된 상태거나 행동을 잘 드러내지 않는다면(혹은 당신이 바쁘다면) 당신은 긁는 것을 보지 못하고 짧게 솎아진 털 조각만을, 때로는 딱지나 벗겨진 상처를 목격했을지도 몰라요. 느슨한 털을 물어뜯으면 헤어볼을 토할 위험도 커지죠. 어느 쪽이든 수의사에게 연락해야 합니다.

벼룩과의 전쟁

즉효 약은 없으므로 벼룩 퇴치에 나서기 전에 수의사에게 조언을 구하세요. 잘못된 제품을 사용하거나 조치를 취하지 않으면 구제에 실패하게 될 것입니다. 상황이 변하기를 기다리고만 있으면 긁기의 다른 잠재적 원인을 놓칠 위험이 있으며, 그동안 발톱으로 긁느라 심각한 손상이 초래될 수도 있습니다.

어떻게 해야 할까요?

즉각적 대응 방법

- **고양이의 보디랭귀지, 특히 귀**(12~13쪽 참조)에 주목하세요. 괴롭거나 불안하거나 불편해 보이나요?

- **벼룩일까요?** 실내 고양이도 사람, 다른 반려동물, 설치류, 또는 집에 반입되는 물건으로부터 벼룩이 생길 수 있으며 중앙난방은 벼룩을 일 년 내내 번성시킵니다. 벼룩은 자극적일 뿐만 아니라 빈혈을 일으키고 질병을 옮길 수 있죠. 벼룩 테스트를 해보세요. 고양이가 좋아하는 잠자리의 잔해물을 화장지 위에 뿌리고 물 몇 방울을 떨어뜨렸을 때 적갈색으로 바뀌면 소화된 고양이 피, 바로 벼룩이 선택한 식사입니다.

장기적 대응 방법

- **특히 피부나 털이 비정상적으로 보이거나 이상 행동이 지속된다면 진찰을 받게 하세요.** 다른 원인으로 알레르기, 기생충, 귀와 피부 감염, 질병, 또는 약물 부작용이 있을 수 있습니다.

- **발톱을 다듬어주세요.** 다른 치료의 효과가 나타나는 동안 단기적으로 손상을 줄일 수 있습니다. 수의사에게 '포디큐어(pawdicure)'를 예약하거나, 방법을 알면 직접 해보세요.

- **당신 고양이에게 알맞은 벼룩 퇴치제와 최신 정보를 숙지하세요**(왼쪽 참조). 개 전용 제품은 고양이에게 치명적일 수 있으니 절대 사용하지 마세요.

우리 고양이는 들어 올리면 싫어해요

예전에 기르던 고양이는 아기처럼 잘 안겨 있었는데, 지금 고양이는 너무 싫어해요. 평소에는 그렇게 순둥이인데 들어 올리기만 하면 나무토막처럼 뻣뻣해지고 아주 발악을 하며 빠져나가려고 해요.

왜 이러는 걸까요?

그처럼 날뛰는 것은 두려움과 좌절을 암시합니다. 선의의 포옹일지라도 분명 안전지대에서 끌어내는 것이니까요. 고양이가 말할 수 있다면 아마도 이렇게 외칠 겁니다. "당장 내려놔!"

고양이의 입장으로는 난데없이 물리적으로 제압당한 데 이어 불안하고 무섭고 고통스러운 상황에서 벗어나지 못하게 하는 것입니다. 족쇄를 찬 것과 같죠. 새끼고양이 시절(18~19쪽 참조)에 들어 올려진 적이 없다면 지금의 반응은 미지에 대한 두려움 때문일지도 모릅니다. 아니면 불쾌했던 경험이나 동물병원에 갔던 기억이 되살아난 것일 수도 있고요.

통제권 상실

고양이는 대형견이나 맹금류처럼 위에서 다가오는 포식자 앞에서 작고 취약하므로 지면에서 떨어져 올려지는 것 자체가 위협으로 여겨질 수 있습니다. 유일한 목표는 통제권을 되찾고 성급히 빠져나가는 것인데, 그러려면 네 발로 땅을 굳건히 디뎌야 하죠.

어떻게 해야 할까요?

즉각적 대응 방법

- **고양이가 긴장한다면 하지 마세요!** 그냥 내버려두세요.

장기적 대응 방법

- **이러한 행동이 새로 나타났다면** 질병이나 통증이 없는지 확인하세요. 몸 상태가 안 좋거나 최근에 다쳤거나 요통 또는 치통을 앓는다면 성질을 부릴 수 있으니 검진을 예약하세요.
- **고양이의 환경이 만족스러운지** 평가하세요(46~47, 138~139, 182~183쪽 참조). 잘 드러나지 않는 불만이나 불안 때문에 신경이 곤두서 있는 건 아닌가요?
- **둘 중 하나를 선택하세요.** 껴안으면 흠칫하고 벗어나려는 것을 그대로 받아들일지, 아니면 들어 올리는 것을 허용하도록 열심히 훈련시킬 것인지. 고양이가 손길을 편안하게 느끼도록 배우면 동물병원 방문, 발톱 다듬기, 여행, 약물 투여 등의 스트레스가 완화됩니다.
- **음식을 이용하지 않고** 애정을 보여줄 수 있는 방법을 고양이의 관점에서 생각해보세요. 강제 포옹보다 좋은 방법이 있을 거예요.

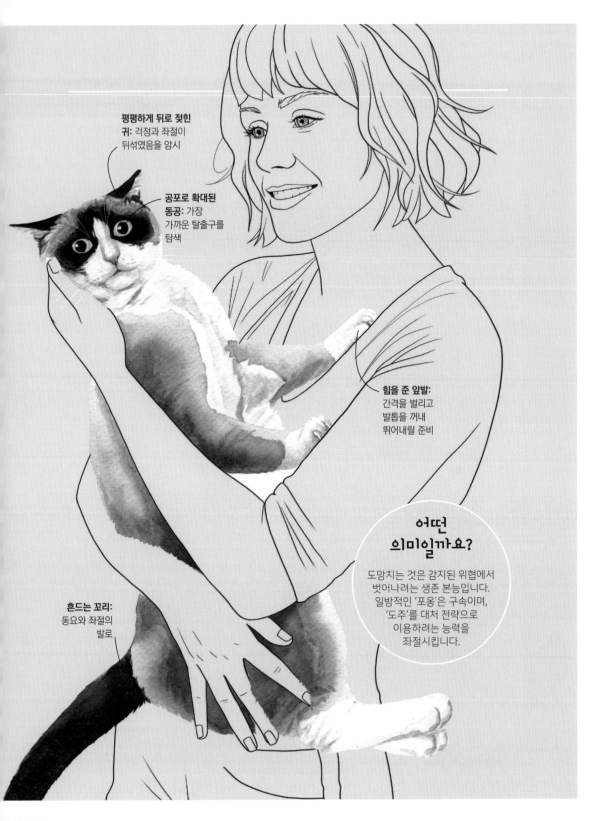

**평평하게 뒤로 젖힌
귀:** 걱정과 좌절이
뒤섞였음을 암시

**공포로 확대된
동공:** 가장
가까운 탈출구를
탐색

힘을 준 앞발:
간격을 벌리고
발톱을 꺼내
뛰어내릴 준비

어떤
의미일까요?

도망치는 것은 감지된 위협에서
벗어나려는 생존 본능입니다.
일방적인 '포옹'은 구속이며,
'도주'를 대처 전략으로
이용하려는 능력을
좌절시킵니다.

흔드는 꼬리:
동요와 좌절의
발로

고양이 관찰 고급편

고양이에게 씌워진 오명

고양이를 털 난 인간 아기나 작은 강아지쯤으로 여기는 사람들이
있습니다. 이런 오해는 고양이 행동의 근본 원인에서 눈을 돌리게
만듭니다. 고급 모피 코트 밑에서는 언제나 내면의 야생성이 숨을 쉬고
있음을 잊지 마세요. 고양이는 오직 '고양이'일 뿐입니다!

'고약한 불량배'

고양이는 영역을 주장하는 것이지 사나운
것이 아닙니다. 살쾡이 선조는 고독한 삶을
살았고, 반려묘도 여전히 본능적으로
멀리서 소통하며 다른 고양이를 위협이나
경쟁자로 여깁니다. 알지 못하는 다른
고양이와 밀집해서 사는 것은 너무나
부자연스러운 일이죠. 그러나 이러한
상황에 놓인 것을 아주 무심하게
받아들이고 기대치를 너무 높게 잡는
사람들이 있습니다.

'앙심'을 품은 행동

고양이는 익숙한 냄새와 광경에는
안심하지만, 변화가 생기면, 특히 자신의
핵심 영역이라면 불안해합니다. 자신이
깔던 좋아하는 러그를 치우고 소파를 새로
들였다고 해서 당신에게 반항하지는
않습니다. 다만 평소에 자던 자리에서
이상한 냄새가 나니 불안과 혼란을 느끼죠.
마음이 편안해지는 집 냄새가 없어져 강한
어필이 필요했던 것입니다(14~15쪽 참조).

수의사에게 '버릇없게' 군다

고양이가 수의사에게 대드는 것은 '버릇없거나' '나쁘거나' '사악한' 것이 아닙니다. 겁먹고 혼란스럽고 어쩌면 통증이 있는 것이죠. 만약에 당신이 갑자기 단잠을 자다가 납치되어 캐리어에 갇히고 포식자로 가득한 방에 감금되었다가, 바늘을 휘두르는 낯선 사람에게 질질 끌려 미끄러운 진찰대 위에 내팽개쳐졌다면, 어떤 식으로든 항의를 했겠죠!

반려묘는 '잔인하다'

사실은 혼란스러워하는 거지 잔인한 게 아닙니다. 모든 고양이는 포식성을 갖습니다. 육식동물이기 때문에 생존을 위해서는 살아 있는 먹잇감을 사냥해야 하죠. 또 기회주의적 탐식가이기 때문에 죽이려는 욕구는 배고픔과 관련이 없습니다. 반려묘는 살쾡이의 살생 본능을 갖고 있지만, 그 후에 먹잇감을 어떻게 해야 하는지 모를 수도 있어요. 그것은 살육에 대한 갈망보다 풍부한 음식 확보와 자극이 적은 가정환경과 더 관련이 있습니다.

고양이는 너무 '냉담하다'

고양이는 신체적으로 사람이나 개만큼 얼굴 표정을 잘 지을 수 없습니다. 그렇다고 해서 의심이 많거나 계산적인 것도, 감정이나 성격이 없는 것도 아닙니다. 단순히 진화와 해부학적 구조의 문제인 것이죠. 멀리서 소통하도록 진화되었다면 얼굴 표정은 그다지 쓸모가 없으니까요. 고양이는 다른 방법으로 감정 상태(12~17쪽 참조)를 전달하지만, 어떤 사람들에게는 고양이를 이해하려 하기보다 '쌀쌀맞다'는 꼬리표를 붙이는 게 더 쉬운 모양입니다.

우리 노령 고양이는 밤이 되면 울어요

심상치 않은 것 같아 침대에서 뛰쳐나가 보면,
멍한 표정으로 앉아 있을 뿐이에요.
제정신이 아닌 걸까요?

왜 이러는 걸까요?

솔직히 말해서 나이를 먹으면 몸과 뇌가
예전 같지 않아요. 수면-각성 주기와 기억
력 같은 기능이 저하되어 학습된 행동과
일과가 잊히는 것이죠. 고양이가 주변 환
경의 정보를 수집하는 데 의존하는 오감도
감퇴하기 시작합니다. 특히 어두운 밤에는
혼동과 방향감각 상실이 심해질 수 있어
큰 문제가 되기도 하고요. 갈증을 유발하
는 질병에 한밤중의 허기와 잦은 용변까지
고려하면 왜 고양이가 불안정하고 불안해
하는지 쉽게 알 수 있습니다. SOS를 보내
는 것이니 무시하지 마세요.

어떻게 해야 할까요?

즉각적 대응 방법

- **즉각적인 위험이나** 갑작스러운 곤란
  에 빠진 것은 아닌지 살펴보세요.
- **물, 리터 박스, 따뜻한 쉼터에** 고
  양이가 접근할 수 있는지 확인하
  세요.

**멍한 눈과
확대된 동공:**
안구 검사가
필요

**울부짖는
야옹 소리:**
도움을 요청

**어떤
의미일까요?**

이런 상황에서 야옹거리면 도움을
요청하는 것입니다. 당혹감과
취약함을 느끼고 있으며 치료가
필요할 수 있습니다. 어느
쪽이든 당신의 도움이
필요해요.

- **차분히 대응하세요.** 야간 활동을 강화하는 어떤 것도 해서는 안 됩니다(108~109쪽 참조).

장기적 대응 방법
고양이의 노화된 신체를 도울 수 있는 좋은 방법을 뭐든지 생각해보세요.
- **전등을 켜두거나** 플러그 접속식 야간 조명을 이용하여 고양이가 어둠 속에서 혼란에 빠지지 않도록 하세요.

- **고양이에게 건망증이 생겼을지 모르니** 리터 박스, 급식대 및 급수대, 따뜻하고 아늑한 자리의 수를 늘려주세요. 쉽게 접근할 수 있도록 하고 침대에 온열 패드를 넣어 관절염을 앓는 노쇠한 다리의 통증을 완화해주세요.
- **가구 배치나 일과를 바꾸지 마세요.** 고양이의 상태가 나빠질 수 있습니다. 노령 고양이에게 새로운 요령을 가르치는 것은 더 힘드니 익숙한 상황을 최대한 바꾸지 말고 인식 가능한 어떤 냄새도 닦아내지 마세요.

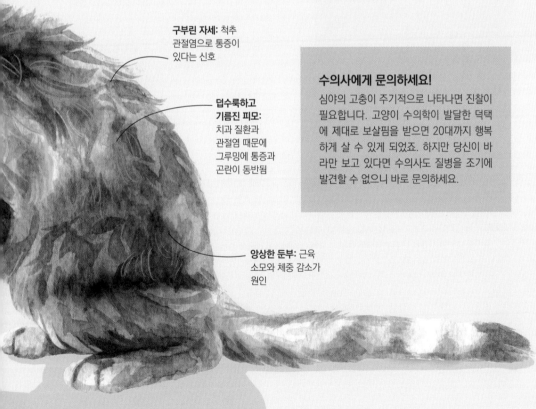

구부린 자세: 척추 관절염으로 통증이 있다는 신호

덥수룩하고 기름진 피모: 치과 질환과 관절염 때문에 그루밍에 통증과 곤란이 동반됨

앙상한 둔부: 근육 소모와 체중 감소가 원인

수의사에게 문의하세요!
심야의 고충이 주기적으로 나타나면 진찰이 필요합니다. 고양이 수의학이 발달한 덕택에 제대로 보살핌을 받으면 20대까지 행복하게 살 수 있게 되었죠. 하지만 당신이 바라만 보고 있다면 수의사도 질병을 조기에 발견할 수 없으니 바로 문의하세요.

서바이벌 가이드

긍정적인 놀이

고양이에게 놀이는 타고난 포식 충동의 배출구입니다. 스릴 넘치는
장난감으로 사냥 놀이를 하면 유혈의 여파 없이 몸과 마음을 건강하게
유지하고 스트레스와 지루함을 덜 수 있죠.

1
'먹잇감'을 실감 나게

완벽한 장난감 '먹잇감'은
진짜처럼 보이고 느껴지고
움직이고 소리가 납니다.
찍찍거리거나 쨱쨱거리며
털이나 깃털로 덮인 생쥐
크기의 장난감을 찾으세요.
신중한 '공격'으로
분리되고 망가진다면
오히려 더 좋겠죠.

2
흥미롭게

공을 톡톡 치고 들쥐 크기의
장난감을 뒷발로 차는 것도
재밌지만, '물어오기'와
낚싯대 장난감처럼 당신이
참여하는 게임이 가장
좋습니다. 놀이에 변화를
주고 장난감을 캣닙이 든
통에 '절여' 매력을
높이세요.

3
안전하게

고양이는 놀이 시간에 말
그대로 '날뛰기' 때문에
막대 장난감을 이용하여
이빨과 발톱에서 떨어져
있으세요. 지켜보지 않을
때는 장난감을 안전하게
보관하고 사용하기 전에
손상이 없고 안전한지
확인하세요.

4
긍정적으로

놀이는 억눌린 에너지와 스트레스를 발산하고
자신감을 키우고 '바람직하지 않은' 행동과
비만을 억제함으로써 고양이가 건강하고
행복한 삶을 사는 데 도움을 줍니다. 앱이나
TV를 통해 레이저, 거품, 프로그램 속 먹잇감
등 '붙잡을 수 없는' 것을 쫓으면 좌절감을
느낄 수 있으니 게임이 끝나면 장난감이나
간식을 주어 '포획'의 만족을 선물하세요.

5
놀이를 실감 나게

30분 동안 몇 차례 실컷 놀이한 후에 식사
시간을 갖는 식으로 사냥 의식을 모방하세요.
황혼과 새벽이 이상적입니다. 포식
순서(70~71쪽 참조)를 모방하여 장난감을
'사냥꾼'에게서 멀어지도록 하면서 날기,
떨어지기, 몸부림치기, 멈추기를 번갈아
실행하세요. 몰래 뒤쫓고 바스락거리고 숨을
수 있도록 터널, 종이 가방, 상자를 놓아두세요.

우리 고양이가 제게 험핑을 해요

개에게 문제적 험핑이 많다는 것은 알고 있었지만, 중성화된 우리 고양이도
그렇다니까요. 가구, 다른 반려동물, 그리고 최악은 제 몸에 하는 거죠!
왜 이렇게 뜨거운 페팅에 심취해 있을까요?

왜 이러는 걸까요?

암수 고양이 모두 중성화 수술을 받았을지
라도 여전히 성적으로 흥분할 능력이 있지
만, 보통은 짝짓기의 가능성 때문이 아닙
니다. 험핑 행동은 뇌를 자극하여 옥시토
신, 세로토닌, 도파민이라는 '포옹'과 '행
복' 호르몬의 혼합물을 분비시키는데, 이
러한 물질은 쾌감과 통제감을 가져오죠.

험핑은 야생의 리듬과 본능에 마음껏
따르지 못하거나 평상시 인간의 애정 또는
적절한 보금자리가 결여되어 스트레스를
받는 고양이에게 더 흔합니다. 요로 질환
을 앓는 고양이에게도 나타나기 때문에 검
진을 통해 문제가 없는지 살펴보세요.

음경에 관한 굉장한 사실

수컷 고양이가 생식기 부위를 그루밍하며 흥분
하는 것은 지극히 정상이에요. 중성화되지 않은
수컷의 음경에는 가시가 있는데, 이것이 짝짓기
할 때 암혁(아야!) 난자 배출을 자극합니
다. 이 가시는 중성화된 후에는 사라지죠. 그리
고 인간과 달리 수컷 고양이의 음경 안에는 뼈
가 있다는 사실을 알고 있었나요? 신기하죠!

어떻게 해야 할까요?

즉각적 대응 방법

- **과잉 반응하지 마세요.** 소리를 지르거나
  팔짝팔짝 뛰면 고양이가 놀라서 이러한
  스트레스 해소 행동이 강화될 뿐입니다.
- **열정을 한창 불태울 때** 밀어내려고 하지
  마세요. (말하자면) 잘 견뎌내야 휘두르는
  발톱으로부터 안전할 겁니다.
- **단서를 찾으세요.** 험핑의 동기가 좌절이
  나 불안은 아닌가요? 촉발 요인이 무엇
  인가요? 새로운 냄새인가요, 아니면 바
  라거나 필요한 것을 빼앗긴 것인가요?
  다른 반려동물과의 충돌은 없었나요?

장기적 대응 방법

- **에너지를 다른 데로 돌리세요.** 험핑이
  임박했다는 신호를 발견할 때마다 당신
  의 신체 일부보다 더 만족스러운 무언가
  를 향하게 하세요. 쿠션이나 부드러운
  장난감이 좋겠어요.
- **성적 엔도르핀의 분출을** 포식적인 것으
  로 바꾸세요. 예컨대 신나는 막대 장난
  감 놀이(182~183쪽 참조) 등에 끌어들여
  욕구를 발산할 수 있게 해주세요.

어떤
의미일까요?

험핑에는 분명한 성적 기능이
있지만, 기분을 띄우고
스트레스를 해소하는 호르몬을
분비시켜 불안과 긴장을
진정시키는 기능도
있습니다.

앞뒤로 흔드는 엉덩이:
애정의 대상에 올라앉아
강행

**약간 뒤로 젖혀 평평한
귀:** 욕구 불만 상태

꽉 물고 있는 턱: '파트너'
를 움직이지 못하게 고정

**위아래로 들썩이는
뒷발:** 짝짓기 의식의
일부

색인

188

고양이 그림
품종 색인

관련 자료

함께 읽으면 좋은 자료

Cat Sense John Bradshaw 지음
Feline Stress and Health (ISFM Guide) Sarah Ellis and Andy Sparkes 엮음
The Trainable Cat John Bradshaw and Sarah Ellis

온라인

www.thecatvet.co.uk
캣벳(The Cat Vet)만의 전문적인 온라인 자료를 통해 고양이처럼 생각하고(#ThinkLikeACat) 몸과 마음을 최적의 상태로 유지하는 데 필요한 기술과 수단을 집에서 편하게 제공받을 수 있습니다.

www.icatcare.org
국제고양이케어(International Cat Care)는 고양이의 건강과 복지에 전념하는 고양이 수의사들이 운영하는 자선단체입니다.

www.aspca.org/pet-care/animal-poison-control
미국동물학대방지협회(American Society for the Prevention of Cruelty to Animals, ASPCA) 산하 동물독극물통제센터(Animal Poison Control Center, APCC)는 흔한 독소에 대한 자문을 제공합니다.

www.gccfcats.org
고양이애호가관리협회(Governing Council of the Cat Fancy, GCCF)의 영국 위원회는 브리더를 위한 정보와 자문을 제공하고, 상황과 생활방식에 맞는 고양이의 선택을 돕습니다.

www.tica.org
국제고양이협회(The International Cat Association, TICA): 혈통 반려묘와 새끼고양이의 세계 최대 유전학적 등록소

고양이의 행동에 관한 도움받기

고양이의 이상한 행동에 대해 도움이 더 필요한지 궁금하다면, '구글 박사'를 피하고 수의사에게 연락하여 질병이 아닌지 확인하세요. 행동의 미묘한 변화는 질병의 조기 징후일 수 있으므로 즉시 진단하고 치료하면 고양이가 행복하고 건강한 삶을 유지하는 데 도움이 될 것입니다. 고양이의 관점에서(#Think LikeACat) 당신의 가정, 일과, 또는 사고방식에 미묘한 수정이 필요할 때도 수의사의 도움을 받을 수 있습니다.

무엇이 문제인지 추측하느라 시간을 낭비하지 마세요. 그것이 수의사의 일이니까요. 새로운 행동이 나타났든 오래된 행동이 바뀌거나 중단되었든 당신의 유일한 임무는 수의사에게 검진을 예약하는 것입니다. 수의사는 고양이에게 필요한 치료를 실시하고 당신에게 지원과 자원을 제공하는 데 가장 특화된 사람이니까요. 고양이 보금자리의 개선에 관한 제안이든, 복약에 관한 도움이든, 믿을 만한 캣시터의 추천이든, 뭐든 좋습니다. 때로는 고양이를 인증된 고양이 훈련사나 카운슬러에게 맡겨야 할 때가 있습니다. 고양이 치료의 세계는 제대로 규제되지 않지만, 수의사는 고양이의 전문 지식을 갖춘 신뢰할 만한 인물을 추천할 수 있습니다. 문제가 심각하거나 복잡하면 행동 전문 수의사(정신과 의사와 유사), 더 간단한 문제라면 고양이 심리학자가 되겠죠.

참고문헌

p.14 냄새로 소통하기
Vitale Shreve K. R., Udell M. A. R. Stress, security, and scent: The influence of chemical signals on the social lives of domestic cats and implications for applied settings. *Appl Anim Behav Sci* 2017; 187: 69–76. https://doi.org/10.1016/j.applanim.2016.11.011

p.16 소리로 소통하기
McComb K., Taylor A. M., Wilson C., Charlton B. D. The cry embedded within the purr. *Curr Biol* 2009; 19(13): 507–508. https://doi.org/10.1016/j.cub.2009.05.033

p.40 우리 고양이는 캣닙에 환장해요
Bol S, Caspers J., Buckingham L., *et al.* Responsiveness of cats (*Felidae*) to silver vine (*Actinidia polygama*), Tatarian honeysuckle (*Lonicera tatarica*), valerian (*Valeriana officinalis*) and catnip (*Nepeta cataria*). *BMC Vet Res* 2017; 13: 70. https://doi.org/10.1186/s12917-017-0987-6

p.42 우리 고양이는 자기가 소인 줄 알아요
Franck A. R., Farid A. Many species of the Carnivora consume grass and other fibrous plant tissues. *Belg J Zool* 2020; 150: 1–70. https://doi.org/10.26496/bjz.2020.73

p.68 우리 고양이는 새에게 재잘거려요
de Oliveira Calleia F., Rohe F., Gordo M. Hunting strategy of the margay (*Leopardus wiedii*) to attract the wild pied tamarin (*Saguinus bicolor*). *Neotropical Primates* 2009; 16 (1): 32–34. https://doi.org/10.1896/044.016.0107

p.74 우리 고양이는 내 무릎을 꾹꾹 누르며 침 범벅을 만들어요
Matulka R. A., Thompson L., Corley. Multi-Level

Safety Studies of Anti Fel d 1 IgY Ingredient in Cat Food. *Front Vet Sci* 2020; 6: 477. https://doi.org/10.3389/fvets.2019.00477

p.116 우리 고양이는 엉뚱한 것을 빨고 씹어요
Kinsman R., Casey R., Murray J. Owner-reported pica in domestic cats enrolled onto a birth cohort study. *Animals (Basel)* 2021; 11 (4): 1101. https://doi.org/10.3390/ani11041101

p.136 우리 고양이는 부엌 털이범이에요
Wells D. L., McDowell L. J. Laterality as a tool for assessing breed differences in emotional reactivity in the domestic cat, *Felis silvestris catus. Animals (Basel)* 2019; 9(9): 647. https://doi.org/10.3390/ANI9090647

p.148 우리 고양이는 너무 들러붙고 어리광을 부려요
Mira F., Costa A, Mendes E, et al. A pilot study exploring the effects of musical genres on the depth of general anaesthesia assessed by haemodynamic responses. *J Feline Med Surg* 2016; 18 (8): 673–678. https://doi.org/10.1177%2F1098612X15588968

p.150 우리 고양이는 동물병원에 가는 걸 싫어해요
Hampton A., Ford A., Cox R. E., *et al*. Effects of music on behavior and physiological stress response of domestic cats in a veterinary clinic. *J Feline Med Surg* 2020; 22 (2): 122–128. https://doi.org/10.1177/1098612X19828131

p.184 우리 고양이가 제게 험핑을 해요
Tobón R. M., Altuzarra R., Espada Y., *et al*. CT characterisation of the feline os penis. *J Feline Med Surg* 2020 Aug; 22 (8): 673–677. https://doi.org/10.1177/1098612X19873195

감사의 글

저자 감사의 글

이 책은 여러 멋진 분들의 호의 덕분에 탄생한 애정의 결과물입니다. 이 자리를 빌려 감사의 말씀을 드립니다.

앤디, 나를 믿고 끝없이 지지해주고 따뜻한 차를 준비해주어 고마워요. 아이 두 명과 고양이 세 마리와 데드라인을 저글링하는 완벽주의자와 함께 사는 것이 쉽지는 않죠! 사랑과 격려를 아끼지 않은 우리 가족과 앤디의 식구들께 감사드립니다. 특히 엄마 아빠, 몸소 친절함과 노고의 가치를 가르쳐주시고 꿈을 포기하지 않도록 이끌어주셔서 감사해요. 괜찮지 않으면 끝이 아닌 거죠!

동료 수의사이자 내 소중한 친구 버네사, 남들이 잘 안 가는 수의사의 길을 동행해주어 고마워. 역경을 이겨내고 우린 해냈어! 수 비트슨 박사님을 비롯한 모든 수의사와 간호사들, 그리고 병리학 실험실의 괴짜분들, 단호한 어린 조를 믿어주셔서 감사합니다. 10대 시절 토요일마다 온통 고양이 똥오줌으로 범벅이 될 기회와 도움을 주신 것이 제게 어떤 의미였는지 절대 모르실 거예요! 제 모든 훌륭한 고객분들께 감사드립니다. 고양이 집에 초대해주시고 고양이의 이상한 행동과 내력을 들려주시고 무엇보다 저를 믿고 사랑하는 털복숭이 가족의 치료를 맡겨주신 데 대한 감사의 마음 영원히 간직하겠습니다.

DK 팀, 특히 사랑스러운 동료 캣 피플인 로나, 지아, 캐런, 돈, 루이스, 그리고 메리앤에게, 덕분에 매우 수월하게 작업할 수 있었어요. 고양이의 마음을 책으로 풀어낼 특권을 허락해주셔서 감사드립니다. 마크에게, 대충 휘갈긴 고양이 스케치에 아름다움과 캣티튜드로 생명을 불어넣어주셔서 감사합니다.

마지막으로 그 누구보다 과거와 현재의 아름다운 우리 고양이들, 너희들에게 가장 큰 빚을 지고 있어. 수의사 자격으로는 얻을 수 없는, 고양이 애호가가 되는 경험을 직접 선사해주었으니까. 고양이가 많은 가정의 고충, 아픈 고양이를 치료하고 돌보기 위한 고투, 너희들이 무지개다리를 건널 때 작별인사를 건네야 하는 가슴 찢어지는 고통을 오직 너희들만이 진정으로 이해할 수 있으니까. 너희들의 작은 삶이 겪은 굴곡은 내가 배운 것을 많은 사람, 많은 고양이와 공유하는 데 도움이 되었어. 만일 너희들이 읽을 수 있다면, 바라건대 내가 쓴 이 근사하다고 생각해주기를.

면책 성명

저자 소개

조 루이스 박사는 25년 이상 고양이를 연구하고 치료한 경험과 수상 경력에 빛나는 영국의 수의사로, 미국고양이임상가협회(AAFP) 공인 수의사이자 국제고양이수의사회(ISFM) 회원입니다.

조는 1등급 우등 학위로 수의과대학을 졸업한 후, 동물병원을 방문한 고양이와 그 주인이 얼마나 많은 스트레스를 받는지 금방 깨닫고 그것의 해결을 평생의 과업으로 삼았습니다. 캣벳(The Cat Vet)과 영국 최초의 고양이 전문 가정 방문 클리닉을 설립하여 편안한 환경에서 스트레스 없는 세심한 진료와 전문적인 조언을 제공하고 있죠. 고양이처럼 생각하기(#ThinkLikeACat)의 다음 프로젝트는 온라인 코스와 워크숍을 개발하여 고양이가 몸과 마음 모두 행복하고 건강하게 지내는 법을 가르치는 것입니다.

조는 세계 최고 수준의 옥스퍼드 캣 클리닉에서 다른 수의사들과 함께 일했으며, 런던의 분주한 히스로 공항에서 정부 가축 방역관으로도 근무했어요. 실험실 괴짜임을 자인하는 그녀는 영국의 수의사들에게 얼룩고양이부터 호랑이에 이르기까지 무엇이든 자문하는 임상병리학 컨설턴트로서 수년간 활동하기도 했죠.

조는 크고 작은 모든 생명체의 복지에 열정적인 관심이 있습니다. 호주에 거주하는 동안 돌고래와 뱀 보호 프로젝트에 자원봉사자로 참여했고, 어미 없는 새끼고양이를 손수 기르며 많은 밤을 지새웠습니다. 쉬는 법이 없는 그녀는 심지어 신혼여행 중에도 소매를 걷어붙이고 지역 자선단체와 함께 심하게 다친 길고양이를 포획하는 것을 돕기도 했죠. 현재 조는 구조한 샴 한 마리, 잡종 고양이 두 마리, 그리고 고양이를 사랑하는 두 아이의 개인비서입니다. **thecatvet.co.uk**

한국어판 옮긴이 **이규원 박사**는 고양이를 사랑하는 번역가이자 강의자, 연구자입니다. 현재 서울대학교 의과대학 인문의학교실 객원조교수로 일하고 있습니다.

일러스트레이터 소개

마크 샤이브마이어는 반려동물 초상화에 특화된 일러스트레이터로, 캐나다 토론토에서 활동하고 있습니다. 구조견을 자랑스럽게 공동 양육하는 그는 많은 고양이와 함께 살거나 친하게 지냈습니다. DK의 여러 일러스트 작업 외에도 챕터스 인디고, DK 트래블, 도버네이션러브스의 편집 작업을 맡았죠. 또 다른 일러스트 작업으로 타운 오브 밀턴의 캠페인과 마컴 뮤지엄의 전시 디자인이 있습니다. 그의 작업에 관한 더 자세한 내용은 **markscheibmayr. com**에서 확인하세요.

이미지 저작권

사진을 사용할 수 있게 허락해주신 이하 모든 분들에게 감사드립니다.
(Key: a-above; b-below/bottom; c-centre; f-far; l-left; r-right; t-top). Cover image: Depositphotos Inc: Photocreo
19 Dreamstime.com: Bogdan Sonyachny. 20 Alamy Stock Photo: Linda Kennedy. 46 Shutterstock.com: Anurak
Pongpatimet. 62 Dreamstime.com: Nils Jacobi. 90 Getty Images / iStock: ablokhin. 96 Dreamstime.com: Famveldman.
112 Getty Images / iStock: chendongshan. 126 Getty Images / iStock: Valeriya. 138 Dreamstime.com: Insonnia. 152
Dreamstime.com: David Herraez. 156 Dreamstime.com: Fotosmile. 170 Dreamstime.com: Daria Kulkova. 182
Shutterstock.com: Dora Zett. 192 Dr Jo Lewis (tr) Mark Scheibmayr (clb)
기타 이미지 © Dorling Kindersley. 더 많은 정보: www.dkimages.com